U0274428
高层建筑与都市人居环境
Tall Buildings and Urban Habitat
03

《高层建筑与都市人居环境》03

本辑内容基于英文版 *CTBUH Journal* 2015 年第 3 期。*CTBUH Journal* 是世界高层建筑与都市人居学会编辑出版的季度期刊

主编单位
世界高层建筑与都市人居学会（CTBUH）

主编
Daniel Safarik, CTBUH
dsafarik@ctbuh.org

副主编
Antony Wood, CTBUH/ 伊利诺伊理工大学 / 同济大学
awood@ctbuh.org
Steven Henry，CTBUH
shenry@ctbuh.org
Peng Du（杜鹏）, CTBUH/ 伊利诺伊理工大学
pdu@ctbuh.org

翻译统筹：译言网（www.yeeyan.org）
翻　　译：洪　芸　郑嵩岩　薛　峰

图书在版编目（CIP）数据
高层建筑与都市人居环境．03, 欧洲中央银行 / 世界高层建筑与都市人居学会主编．—上海：同济大学出版社，2016.3
书名原文：CTBUH Journal 2015.3
ISBN 978-7-5608-6273-6
I. ①高…　II. ①世…　III. ①高层建筑－建筑设计－研究　②银行－高层建筑－建筑设计－研究　IV. ① TU972
中国版本图书馆 CIP 数据核字（2016）第 062122 号

出版、发行
同济大学出版社（www.tongjipress.com.cn）
地址：上海市四平路 1239 号　邮编：200092
电话：021-65985622

发行总代理
上海贝图建筑书店
联系人：王占磊
电话：(021) 55570301
QQ: 1216626548

广告总代理
同济大学《时代建筑》杂志编辑部
联系人：顾金华
电话：(021) 65793325, 13321801293

出　品　人：华春荣
责 任 编 辑：胡　毅
助 理 编 辑：李　杰
责 任 校 对：徐春莲
装帧设计制作：李　政　嵇海丰

经销：全国各地新华书店、建筑书店
印刷：上海安兴汇东纸业有限公司
开本：889mm×1194mm　1/16
印张：3.75
字数：120 000
版次：2016 年 3 月第 1 版第 1 次印
刷书号：ISBN 978-7-5608-6273-6
定价：39.00 元

前言

每年夏天，我们都会在 CTBUH 总部举办“后勤保障筹划阶段”年会。这总是一个令人兴奋不已的时刻。2015 年年会除了会议本身以外，我们还为纽约全球大会出版了 6 本不同的出版物，包括在大会上展示的 125 篇论文和其他材料。

18 个月的会议筹备工作已经开始结出硕果。在我写此文的时候，即距离大会还有 3 个月时，已有来自 35 个国家的 900 多人报名参会。同时，我们从全世界的会员公司获得了大量的赞助与支持。这是一个极为重要的因素，因为同许多学会一样，年会是我们主要的筹资机会，且每次会议筹到的资金将支撑我们顺利度过这一年的其他 51 个星期。

所以 CTBUH 的夏天都是关于会议筹备和出版物的编辑。2015 年的出版数量创造了新的纪录。除了 6 份大会出版物和 4 期 CTBUH 杂志外，还完成了对米兰“垂直森林”（Bosco Verticale）塔楼垂直绿化设计的详细研究报告，以及与美国采暖、制冷与空调工程师学会（ASHRAE）合作完成的针对高层、超高层、巨型高层建筑的 MEP（机械、电气、管线）指南。另外，2015 年获奖作品集于 11 月在芝加哥举行的颁奖典礼上（见 55 页）发布。同时我们正在努力完成几个新的技术指南，包括与英国办公室委员会（BCO，Birtish Council on Offices）合作的《高层办公楼指南》，以及一份安赛乐米塔尔公司资助的两年研究项目的总结研究报告《高层建筑结构体系的生命周期分析》。

不过，近期最令人兴奋的出版物或许是最新版的《世界摩天大楼 100》（*The 100 Tallest Buildings in the World*）——当它在纽约年会上发布时备受瞩目。这 100 座建筑当中有 73 座是在这本书的上一版（2006 年）发行之后新建的，可见建筑行业发展之迅猛。

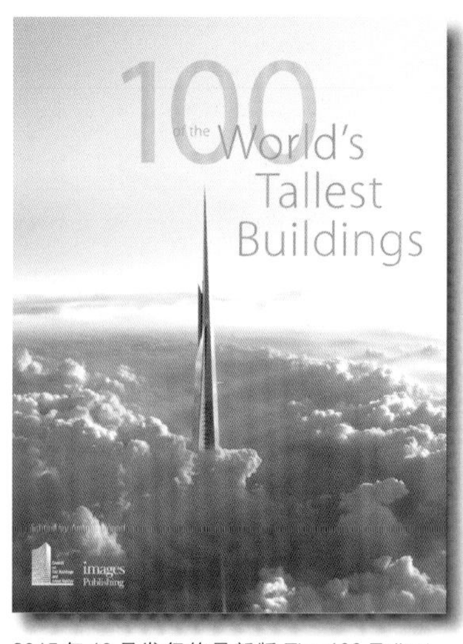

2015 年 10 月发行的最新版 *The 100 Tallest Buildings in the World*

所以，如果您还希望丰富自己的阅读，那么可以访问我们的网店（http://store.ctbuh.org），或者加入 CTBUH 成为会员，我们会为您提供帮助！如果您还在犹豫要不要加入 CTBUH，或许如此丰富的出版物就能为您提供一个绝佳的理由！我们期待您的加盟！

祝好！

Antony Wood

安东尼 · 伍德博士，世界高层建筑与都市人居学会执行理事长

目 录

走进 CTBUH

> 城市环境中的建筑物从本质上说是地质结构精炼的片段，因此当我们致力于将植物与高层建筑整合为一体时，就必须首先研究那些在自然界中同样栖居于严苛环境中的植物。
>
> Lloyd Godman，Stuart Jones，Grant Harris，见 38 页

尽管传统观点将高层建筑的象征性目的局限于纯粹的自我力量的宣示上，无数的例子却告诉我们，其实还有一些更加崇高的可能。

本辑的案例分析对象“欧洲中央银行总部”在封面上首次亮相，也正值这一国际机构蓬勃发展之时。事实上，面对各国国情的巨大差异，欧洲央行为了在统一的货币框架下权衡各方竞争性的优先权而屡屡陷入混乱之中。虽然欧洲央行和建筑师不可能在设计时就预料到这些情况，但这座建筑在原为一批发市场所在地拔地而起，并采用薄玻璃板连接两座塔楼的双螺旋结构，简洁明了地象征了一个包容多种观点，同时仍能保持团结统一、富有凝聚力的整体。

在论文《伊斯坦布尔：高层建筑对一座历史悠久而又现代化的都市的影响》中，我们也发现了世界上唯一一座恰好跨越两个大陆而被一分为二的城市，这一划分与其说是由于博斯普鲁斯海峡，不如说是因为这座城市对其未来的发展有着两种对立的愿景。摩登商业高楼点缀着伊斯坦布尔此起彼伏的天际线，甚至有时会让那些使这座城市名垂千年的清真寺塔尖黯然失色。

在本辑“辩·高层建筑”版块的“高层社会保障住房是一种失败吗？”这一话题中，讨论了围绕社会经济学展开的若干鲜明象征符号，及其对建筑环境提出的种种要求。这一话题中进行了讨论。有些城市将一部分高层社会住房夷为平地，同时将另一些改造为奢华住宅区。相比之下，另一些城市实施了略显局促但卓有成效的社会工程计划，塑造出在多个重要层面上都和谐一致的天际线。两位作者在这一两极分化的议题争论上不相上下。

最近对高层豪华公寓的关注并没有太注重其技术层面。而论文《顶层公寓设计中的消防安全策略》打破了这一模式。该论文关注了一个非常实际的问题，即如何在保障安全的前提下，有效地建造这种顶层住所。

拉斯维加斯爆破拆除公租房的方式风行一时，加上有惊人的数据显示了这类住房的能源状况，这两者都表明了高层建筑不是也不可能是永远不变的。在探索高层建筑转变的路上，我们将目光聚焦到香港。在《香港的气候变化：通过可持续性的改造缓解气候变化对建筑的影响》一文中，为了适应未来的气候变化，一座 20 世纪 80 年代建造的传统样式的摩天大楼进行了一次彻底的表层清理和翻新改造。我们还探索了墨尔本，在《气生植物的“飞行手册”》一文中，在一座高楼顶上实施一个很小的“柔性”干预措施就可以对垂直植被和绿色城市的未来带来深远影响。

当然，围绕新材料的创新将会继续加强未来摩天大楼的结构与外观。鉴于碳纤维在飞机和汽车方面令人振奋的应用，我们认为是时候提出这个问题了：什么时候高层建筑也能用上碳纤维？ Mark Richards 先生将在“专家观点”版块为您解答。

“我们还能建多高？”这一问题我们已经问得足够多了，现在似乎是时候问另一个问题了：“当我们建得足够高时该怎么办？”光是展望这一前景所带来的纯粹乐趣就激励了那些世界最高观光点的建造者。但是为了不断吸引游客，许多都变成了高耸云端的迷你主题公园。在“高层建筑数据统计”这一版块，研究报告《世界最高的观景台》考察了过去、现在和未来的高海拔旅游景点。

若您能参加我们 10 月在中国举办的“2016 年全球交流大会”，您将能够直接参与这些讨论，并且亲身经历许多了不起的事件，同时还将在现场获得我们最新一期的杂志和众多出版物。

在那之前，请大家踊跃报名吧！

Daniel Safarik, CTBUH 主编

新加入的企业会员 CTBUH 很荣幸地欢迎以下在 2015 年 4 月至 6 月期间新加入的企业会员以及升级的会员：

顶级会员

鹏瑞集团 PARKLAND GROUP
Shenzhen Parkland Real Estate Development, Shenzhen

中天城投集团股份有限公司 Zhongtian Urban Development Group Co., Ltd
Zhongtian Urban Development Group, Guiyang

HUDSON YARDS
Hudson Yards, New York

赞助会员

EMPIRE STATE REALTY TRUST
Empire State Realty Trust, New York

高级会员

Hyder
Hyder, Sydney

Time Equities, New York

WATG
WATG, Seattle

中级会员

Cadillac Fairview
Cadillac Fairview, Toronto

Chapman Taylor
Chapman Taylor, London

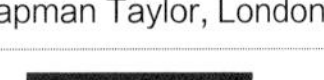
CLARK CONSTRUCTION
Clark Construction, California

Davy Sukamta & Partners Structural Engineers, Jakarta

EllisDon We build on great relationships™
EllisDon Corporation, Mississauga

EVERSENDAI
Eversendai Engineering Qatar WLL, Doha

GLUMAC
Glumac, Los Angeles

JDS DEVELOPMENT GROUP
JDS Development, New York

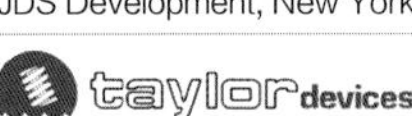
taylor devices
Taylor Devices, New York

普通会员

cityzen URBAN LIFESTYLE
Cityzen Development Group, Toronto

DYNAMIC ISOLATION SYSTEMS
Dynamic Isolation Systems, Nevada

heerim Architects & Planners
Heerim Architects & Planners, Seoul

KIRKOR ARCHITECTS + PLANNERS
Kirkor Architects, Toronto

KRJDA ARCHITECTS
KRJDA, Connecticut

KGU KYONGGI UNIVERSITY
Kyonggi University, South Korea

mbm
MBMpl Pty. Ltd., Brisbane

MEYERS+ ENGINEERS
MEYERS+ ENGINEERS, San Francisco

MIKKELSEN ARCHITECTS
MIKKELSEN Architects, Copenhagen

Newgard
Newgard Development Group, Miami

RATHS, RATHS & JOHNSON, INC. ENGINEERING · ARCHITECTURE · FORENSICS
Raths, Raths & Johnson, Illinois

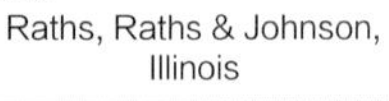
TRICON
Tricon Capital, Toronto

XSPlatforms
XSPlatforms Americas, California

ZEMACH HAMMERMAN
Zemach Hammerman, Tel Aviv

高层社会保障住房是一种失败吗?

全球城市化飞速发展，城市人口日益密集，这导致了各国需要将其数量庞大但经济上处于弱势的群体考虑在内。然而在许多国家，一个"显而易见"的解决办法是：由政府为他们补贴高层社会保障住房，但这个办法却一直饱受诟病。四十多年来，拆除社会保障住房已经成为一种政治运动，甚至是吸引众多看客的一场竞技。在这个无数高楼拔地而起、全球不平等现象日益加剧的时代，我们无法回避一个问题："高层社会保障住房已经失败了吗？"

反对

Shi-Ming Yu
新加坡国立大学副教授，
新加坡住房发展局（HDB）理事会成员

首先，新加坡高层公共住房与其他国家的社会福利住房项目有很大区别：这类住房是出售给新加坡国民的，其持有时间为 99 年。如今，80% 以上的新加坡人居住在由新加坡住房发展局（HDB）兴建的公寓里，而这当中有 90% 以上居民对其住宅持有产权。高层 HDB 组屋（HDB Blocks）在新加坡遍地可见，这占据了大部分城市面积。新加坡家庭也逐渐接受高层住宅，视其为标准的住宅模式。当然，因为大多数人要么住在城市违建的木屋区，要么住在低矮的村庄（kampongs）里，因此要转变住宅模式需要作一些调整。但这个过渡阶段其实是短暂而平缓的，因为人们意识到高层公寓能够提供诸如水、电等基础设施和良好的卫生条件，这些在他们原来的住处都是难以实现的。在最初的住房短缺问题得到解决后，随着 HDB 开发了更多公寓，关注的焦点开始转移到社区建设上来。

其中有三个主要因素。第一，HDB 组屋都设有公共走廊和组屋底层，使得居民在使用公共设施时可以与邻居互动交流。事实上，HDB 组屋的底层有许多用处，人们可以在这里举行简单的小型聚会或婚礼，甚至是葬礼。

第二，在一些社会与文化背景多元的社区，一些专门为促进社区建设而精心安排的活动一般是通过政策或各类草根团体来实现的。较大户型的商品房和小户型的租赁房交错布置。组织组屋派对，修建社区花园等也旨在增进邻里感情。

第三，公共住宅社区中公用区域的合理维护和管理都由市议会负责。

由于受土地面积的限制，新加坡除了把房子建得更高以外别无选择。然而，基于明智和富有创意的规划，加上合理且人性化的住房政策，新加坡住房发展局已成为许多发展中国家效仿的典范。

支持

Reinier de Graaf
大都会建筑事务所（OMA）合伙人

这是有关两栋大楼的故事。这两座建筑建于 20 世纪下半叶的西欧，两者都实施了同一个建筑原型，像是携带同样 DNA 的两个克隆体。它们由同一位建筑师设计，同一个市政机构委托，同一家建筑承包商建造，于同一年完工，并准备提供给同样（类型）的人使用。这其中的原因很简单：如果有一样很好的东西发明出来了，那就把它多次实现出来，有何不好呢？在一段时间内，这两座建筑都很受欢迎，因为它们为一群人提供的正是他们想要的体面的居住水平。

之后的 50 年间，这两座双胞胎建筑却经历了极为不同的命运。

其中一座已被（部分）拆除，并改造为一片带有底层入口的单户住宅区。原来的 33 层只保留了 4 层。大型市政住房项目已变成了一种反常现象。即便大多数居民仍然依赖公租房项目，但相比它们之前所

体现出来的远大抱负，这类住房的设备不断老化，就像是在羞愧地承认自己的没落。

而另一座建筑则保存完好。其中的公寓很多都以创纪录的高价卖给了新一批居民。这些新住户们非常渴望在城市中心享受高层住房带来的生活品质。在这里他们能够享有隐私空间，鸟瞰都市风景，而且只需按一下电梯按钮就可以获得城市生活的便利。城市里繁荣的房地产市场至少让"双胞胎"中的一个保留了颜面。

作为"高层社会保障住房"，这两座建筑各自都做出了巨大的让步：一个已不再是高楼，另一个已不再包含真正意义上的社会保障住房。在当今世界，同时满足这两种抱负看似已遥不可及。用格特鲁德·斯坦因的话来说就是：似乎楼房要么是很高，要么成为社会保障住房，但这两者不可兼得。

纽约世贸中心在 14 年间的重建过程中频频登上新闻头条。新**世贸中心 1 号塔**的观景台于 2015 年 5 月 29 日向公众开放，有幸登上这栋全美最高大楼的游客，将欣赏到震撼人心的美景。观景台高 387 m，是纽约最高的建筑，也是北美第三高的建筑。在楼群的另一处，新项目正在酝酿中，被搁置已久的**世贸中心 2 号塔**修建项目重新启动了，BIG（Bjarke Ingels Group）将取代福斯特建筑事务所成为领头人。由他们设计的堆叠式楼宇，其外墙将如同阶梯一样向上升高至顶点（图 1）。这个消息在发布之初就得到了新闻集团和旗下多家传媒机构如 20 世纪福克斯、福克斯新闻和华尔街日报的证实，而它们也将成为 2 号楼的主要承租人。2 号楼的设计在初期曾一再被搁置，直到开发商兆华斯坦地产公司募集到了足够的启动资金，这个项目才得以完成。在 BIG 的设计方案中，这栋摩天大楼占地 6.5 hm^2，外形为逐层向上攀升的螺旋体，这也符合建筑师 Daniel Libeskind 原本在重建项目中作出的总体规划。该方案同时强调未来的金融区将以媒体工业而非金融业为重。

然而，**纽约**市的新闻并不都发生在商业中心。备受关注的“超细型建筑”大赛正在纽约中城第 57 大道进行，比赛在**中央公园塔**楼设计图公开之后进入了白热化阶段。设计图证实该栋建筑的屋顶高达 464 m，比芝加哥威利斯塔还高出 22 m，它将成为全美最高的屋顶。尖顶之前名叫诺德斯特姆塔，虽然它已经很高了，但仍然以 0.3 m 的微弱之差输给了 541 m 高的世贸中心 1 号楼。

让我们再将视线转向**纽约**中城区，64 层高的写字楼 One Vanderbilt 广场（图 2）将在纽约中央车站的西面动工。大楼的所在地曾经在两任市长的授意下被重新规划，之后才得到了建筑许可。走过曼哈顿，来到伊斯特河岸，一栋不那么高却依然很重要的项目正在进行中——它是一栋公寓楼，坐落于**康奈尔大学**位于罗斯福岛的科技园区内。它将在 2017 年竣工，是世界上第一座被动式住宅高楼。楼宇完全符合严苛的德国被动式建筑（Passivhaus）标准，根据该标准，被动式建筑即使在不使用主动供暖或制冷系统的情况下，也能提供舒适宜人的室内环境。

迈阿密虽然以度假胜地而闻名，但同时也是全球互联网主干线上的重要科技枢纽，这一点从它的城市天际线中就可以看出来（CTBUH 报告，第 51 页）。按照规划，**迈阿密创新技术区**将由四个发展中的区块构成，需要办公面积 358 000 m^2，住房面积 22 300 m^2，以及零售面积 23 200 m^2。以“城市校园”的构思为蓝本，技术区将成为迈阿密科技工业的焦点，它不仅为新兴企业提供办公与协作空间，也将接纳知名公司和大型全球机构。高 193 m 的**迈阿密创新塔**（Miami Innovation Tower）（图 3）是技术区所有项目中的重点。该建筑将以“完全整合的活性外壳”为特色，在外立面上嵌入多个广告牌以负责播放公告、影像艺术作品和广告。不过这种布满花哨 LED 屏幕的外立面设计遭到了周边业主和市长的一致反对，他们已经寻求立法的途径，希望能禁止这样的装饰。

亚洲资本持续流入北美的高层建筑项目中，这样的项目规划已经出现在多伦多、拉斯维加斯和洛杉矶等城市中。由中国绿地集团投资兴建的**帝王蓝姬大厦**（King Blue Condominiums）位于**多伦多**的娱乐区，它是该公司在加拿大的首个住宅项目。另一家中国公司上海升龙投资集团有限公司则计划出资 10 亿美元，在**洛杉矶**斯戴普斯中心（Staples Center）附近修建一栋豪华高层公寓，该公寓高 37 层，位于**南格兰大道 1201 号**。在**拉斯维加斯**，马来西亚云顶集团投资 40 亿美元兴建的**度假世界**一期已经破土动工，这项工程包含了 4 座塔楼，竣工后其房间数量将达到 6 500 个。

木建筑属于规模较小的项目，但加拿大**魁北克**市对此仍然信心十足，在这个领域里雄心勃勃。该市计划修建一栋 13 层高、名为 Origine 的木质大楼（图 4），楼体的建造采用交错层压木材，高达 40m，将成为北美最高的木质大楼。

位于加拿大另一端的**温哥华**市即将迎来由建筑师 Büro Ole Scheeren 主持的第一个项目 1500 West Georgia（图 5），其外观布置酷似堆叠的盒子，造型极为独特。垂直移动的模块型公寓体系令居住单元在布局上充满活力，却又不失理性的一面。单个住宅单元以旋转的形式向外突出，当中所引入的设计理念正是纤窄高层建筑中横向居住的新概念。

> Torre Cube 已经有将近十年的历史，它的设计者卡莫·皮诺斯用这件杰作打破了写字楼原有的分类。那栋外形独特的高层建筑，将地面围在层层混凝土核心筒之间，这栋三体合一的楼宇或许真的可以被称为有机——它有从地面拔地而起的树干，上面栖息着模块一样的写字间，就像不对称的树枝一样，被精致的木板保护着。
>
> 来自 *Architectural Review* 的建筑记者 Raymund Ryna 讨论位于瓜达拉哈拉的 Cube II Tower。摘自 2015 年 6 月 11 日发表在 *Architectural Review* 的“Cube II Tower in Guadalajara, Mexico by Estudio Carme Pinós”
>
> 更多关于 Torre Cube 的信息，请参阅 CTBUH 技术指南《高层写字楼的自然通风》
>
> 访问 CTBUH 的网上商店 http://store.ctbuh.org

图 1　纽约世贸中心 2 号塔，纽约 © BIG
图 2　One Vanderbilt 广场，纽约 © KPF/DBox
图 3　Innovation Tower，迈阿密 © SHoP 建筑事务所
图 4　Origine，魁北克 © Yvan Blouin 建筑事务所
图 5　1500 West Georgia，温哥华 © Büro Ole Scheeren
图 6　Aspire，帕兰玛塔 © Grimshaw 建筑事务所
图 7　拉特罗布街 212-222 号，墨尔本 © Jackson Clements Burros 建筑事务所

1
2
3
4
5
6
7

10
11
12
9
13
8
14

我想设计一件简单但是有尊严的作品，让那些主题更清晰更独一无二的作品，像“奶酪研磨机”（Cheesegrater）和“小黄瓜”（Gherkin），可以保留它们的特殊性。我并不想用自己的设计和其他标志性建筑竞争，而是希望它将天际线和平面图上的建筑融为一体。但我还是希望，这栋建筑在未来 10 年里不要被其他楼宇超越。

来自 PLP 建筑事务所的 Karen Cook 解释伦敦主教门大街 22 号项目在设计上的改变
摘自 2015 年 6 月 16 日发表在 *The Architect's Journal* 的“Karen Cook: ‘Any Tall Building is a Big Responsibility”

亚洲　大洋洲

早在几十年前，澳大利亚就匆忙步入了高层建筑时代，如今它正着力解决这个行为带来的后果。维多利亚州的建筑监管员最近宣布，所有位于墨尔本中心商业区和近郊的过去十年中建造的高层楼宇都要接受检查，因为这些楼宇在建造过程中使用了进口廉价的易燃铝复合包层，这种材料不符合建筑规范并且具有易燃的危险。这一事件在全澳大利亚反响巨大，接受检查的建筑更是不计其数，而对于那些难以进行外墙检修的高层建筑，其改建费用将会是巨大的。

更糟糕是，几十栋楼龄超过 40 年的黄金海岸高层公寓被查出了混凝土剥落现象，维修费可能超过百万澳币。这种现象也被称作“混凝土癌症”，病因是钢筋被盐腐蚀后发生断裂，进而让钢筋周围的混凝土出现裂痕，并最终侵害到建筑结构的完整性。2013 年，一栋患有“混凝土癌症”的建筑被拆除，根据官方说法，这个问题正是从那时候起开始变得愈发严重。

根据其他新闻报道，**悉尼**的帕兰玛塔郊区取消了对建筑的高度限制，以此给 306 m 高的酒店 / 高层住宅楼 Aspire（图 6）打开方便之门，该建筑还配有南半球最高的观景台。另外，高达 226 m 的 Premier Tower 和拉特罗布街 212-222 号（图 7）的项目也获得了**墨尔本**政府的批准，并即将动工，其中后者的申请程序长达 4 年，是墨尔本市申请周期最长的项目之一。

在**马尼拉**，又一轮建楼潮受到了阻碍。菲律宾最高法院责令 47 层高的住宅楼**马尼拉塔**（Torre de Manila）（图 8）停工，因为一旦建成，该建筑必定会破坏黎刹纪念碑后面受保护的风景。这已经是该项目第二次被叫停了。

在今天的中国，梦想总是可以飞得更高。在**上海**，**东方梦工厂总部**建设正式启动。东方梦工厂由梦工厂、华人文化产业投资基金和来自香港的开发商兰桂坊集团共同创办，并得到了中国国家开发银行的大量注资。总部大楼的前身是一座破败的水泥工厂，它将包含 5 个表演场地，座位 8 500 个，其中 3 000 个座位被安放在一个圆顶建筑里，该圆顶建筑的前身是水泥搅拌厂区。总部的办公区分别设在表演厅两侧的高塔里。

在**澳门**，一栋更加宏伟的建筑出现在人们视野中。万豪国际连锁酒店在当地最受欢迎的娱乐休闲度假胜地**澳门银河度假城**（图 9）内，开设了 JW 万豪和丽兹 · 卡尔顿联合酒店。这栋双塔楼建筑包揽了新度假区 45 万 m²的土地。

在被地震破坏过的尼泊尔山区，高层建筑非但不是幻想之源，反而会给人们带来噩梦般的焦虑感。调查显示，2015 年 4 月 25 日大地震之后，加德满都市内至少有两栋高层建筑因为不再适合居住而需要被拆除，它们分别是 Park View Horizon 和 Oriental Apartment 二期。另有 30 多栋建筑也有相似的问题，它们需要在维修之后才可以继续投入使用。

日本作为地震多发国，其建筑设计颇具前瞻性。在**东京**，55 层高的**新宿三井大厦**（Shinjuku Mitsui Building）（图 10）接受了一次很有代表性的改造。这栋摩天大楼建于 1974 年，在 2011 年 3 月的地震中，楼体的摇摆幅度达 2 m 之多，持续时间约 2 min。现在，这栋大楼装配了一套价值 4 000 万美元的振动控制装置，该装置由 6 个 300 t 的振子组成，振子被钢缆悬空吊起，摆动方向与楼体相反，这样在地震时，楼体摆动的距离将被缩短到 80 cm。

伦敦的高层建筑建设一直保持着持续稳定的发展，伦敦市长鲍里斯 · 约翰逊近日拒绝了一项对高层建筑进行更多审查的提议。对于出现在城市规划里的众多新建筑，约翰逊表示没有必要再建立新机构去评估这些建筑的设计质量和施工可行性。伦敦市议会全党计划委员会主席在 2015 年 3 月写信给约翰逊，要求成立一个天际线委员会来确保伦敦市内所有的高层建筑都只能建在“正确的地方”，因为只有这样，它们才不会对城市的天际线产生“不可逆转的影响”。约翰逊则认为，大多数建筑所处的地点已经是“正确的位置”了，但是他同意天际线运动的提案，并认为制作城市高层建筑建设的 3D 交互模型是一个还不错的主意。

几天前 PLP 建筑事务所披露了期待已久的**主教门大街** 22 号（图 11）翻修计划，仿佛是在响应这一政令，该项目曾受经济危机的影响而被终止。开发商 Lipton Rogers 与安盛投资管理公司在 2015 年 2 月从沙特阿拉伯业主 Sedco 公司手里接过了这栋名为**尖塔**（Pinnacle）的楼，该建筑高 288 m，楼体酷似“螺旋滑梯”，它自 2001 年就初具雏形，现在这个项目已经被取消。尖塔的建设在 2012 年初就停止了，只留下一栋 9 层高的半成品，被人们戏称为“树桩”（the Stump）。新设计的大楼高 278 m，比之前的设计低了 10 m。楼顶设有免费向公众开放的观景走廊，双层餐厅和酒吧，这些地方都可以通过专用电梯直达。

纵观欧洲历史，**巴黎**是最排斥摩天大楼的几个大城市之一。然而当它有机会主持建造世界最高木质大楼时，这个情况似乎有所转变。这座 35 层高的**猴面包树**

图 8　Torre de Manila, 马尼拉
© Inguirer.net
图 9　澳门银河度假城，澳门
© Abasaa
图 10　新宿三井大厦，东京
© Terri Meyer Boake
图 11　主教门大街 22 号，伦敦
© PLP 建筑事务所
图 12　联合圣保罗银行，都灵
© RPBW © ph. Enrico Cano
图 13　Tor di Valle Complex, 罗马
© Libeskind 工作室
图 14　埃舍尔连栋高层公寓，苏黎世
© Georg Aerni

（Baobab）**塔楼**让其周边的社区成为关注焦点。其设计颇有策略地将市场和社会住宅混合在一起，建筑群包含了学生公寓、城市农业、公交车站、电动车站和其他配套设施。提案希望可以通过这栋木质大楼来"展示一个连通的、生机勃勃的大都市"，同时以它来"定义新一代的城市建筑"。这项以碳中和为重点的设计，是城市创新比赛"重塑巴黎"（Réinventer Paris）的一部分，旨在缓解都市住宅紧缺这个问题。

意大利**都灵**的 Renzo Piano 建筑工作室接受了一项挑战，那就是建造可以和社区互动的摩天大楼，他们交出的成果是 167m 高的**联合圣保罗银行**（Intesa Sanpaolo）**大厦**（图 12）。这栋建筑在作为银行总部的同时，也被看作是"环境与社会实验室"，承担着一系列公共服务。建筑内设三层停车场，一层杂物间和一座下沉式花园，花园通向一家餐馆和一座幼儿园。建筑的地上部分是 26 层的办公区，另有一层用作培训，其空间和服务设施均向公众开放。

继续向南来到**罗马**，由 Daniel Libeskind 工作室设计的三塔建筑群 Tor di Valle Complex（图 13）打算将罗马奥林匹克体育场的周边环境一同包含在内。这座三栋一体的建筑群坐落于 Tor di Valle 商业区内，它们之间互相联系，好像来自同一块石料，就像建筑组件一样可以拼接，既是相互依存的整体，又是各自独立的个体。三塔楼群将环绕一个 3 000 m²的公共广场而建，呈三角形排列。塔楼最高可达 220 m，周边将会有茂盛的植被和清澈的池塘。

在**苏黎世**，新与旧、高挑与低宽建筑之间的对话进入了一个新维度。瑞士的 E2A 工作室对苏黎世一座老仓库的外立面进行了扩建，使其成为市歌剧院的新排练场。在仓库一边的结构上继续向上修建了一栋 60 m 高的公寓楼。这栋锥形的高层公寓——**埃舍尔连栋高层公寓**（图 14），从老仓库的一边拔地而起，内部一共有 50 套公寓，以 8 m 为一个单元向上堆砌。

> 人们因为城市不再是心中的城市而伤感，但是碳排放、资源浪费和生产力缩减这些问题让我们除了建造质量更好、更经济适用的高层住宅之外别无选择。人们迁入伦敦不仅是为了找工作，更是为了能找到安身之所，这种变化并不是巧合。没有哪家刚起步的公司能付得起巴黎的房租。或许蒙帕纳斯大厦并不是神作，但它代表的是未来城市的模样。
>
> 丹尼尔・里伯斯金评论巴黎的蒙帕纳斯大厦
> 摘自 2015 年 6 月 5 日发表在纽约时报的"Seven Leading Architects Defend the World's Most Hated Buildings"

中东　非洲

雄心勃勃的阿联酋再次出手，新老项目直冲蓝天。在**迪拜**，朱美拉湖塔楼的开发商宣布将委托 Adrian Smith +Gordon Gill 建筑事务所来设计 Burj 2020，该建筑将成为世界上最高的写字楼（虽然它的真实高度还未揭晓）。而这位开发商的竞争对手也毫不示弱地宣布将计划修建迪拜第二高的大楼。该建筑的高度将仅次于哈里法塔，被命名为 **RP One 大楼**，它的高度也是一个未知数。

回到 2020 年的主题，为了迎接 2020 年世博会，作为旋转大楼卡延塔开发商的卡延集团宣布将修建一栋名为 Cayan Cantara 的双子并联塔楼（图 15）。该建筑包括一座 38 层的高层酒店式公寓和一栋 42 层的品牌住宅楼，该项目总花费 2.72 亿美元，预定在 2018 年年中竣工。

在同一时间，**阿布扎比**作为另一位竞争对手，其城市规划委员会宣布将完成对**艾尔里姆**人工岛的开发建设。该岛屿毗邻波斯湾，占地面积约 2 000 万m²，岛上居民最多可达 21 万人。这是一项涉及了三家大开发商和数十座塔楼的项目。该项目自 2005 年启动以来，目前只完成了总工程的 15%。

"完成任务"是波斯湾地区在 2015 年年中的重要主题。卡塔尔联合发展公司再次确认将完成含有 60 栋塔楼的**多哈珍珠岛**（图 16）。在规划中的塔楼里，约有 26 栋或即将完工或已经投入使用，虽然入住率并未达到百分之百。

在**沙特阿拉伯**，一栋多塔楼建筑的规划方案已经公开，该建筑将最终取代 10 万顶带空调的临时帐篷，给每年数百万前往麦加的哈吉提供住所。

在非朝圣月，为本地居民举办的社区活动将在 Mina Valley Complex 的大讲台上进行。沙特的另一项规划是建设含有一万间客房的 **Abraj Kudai 酒店**，该酒店价值 35 亿美元，距离麦加禁寺 1.6 km。

虽然这些项目都是大投资，但是新闻也不光是围绕着波斯湾打转的，非洲大陆也有激动人心的消息传来。中国开发商瞄准了埃塞俄比亚首都亚的**斯亚贝巴**，计划在那里开发一个含有 21 座塔楼的项目，根据开发商的承诺，这个名为 Royal Garden（图 17）的项目将改变城市的面貌。该项目耗资 1.94 亿美元，临近非洲最大的空港巴勃莱国际机场。

在印度洋的海岸上，一座塔楼将在莫桑比克首都**马普托**拔地而起。受莫桑比克社会安全研究所的委托，这栋多用途的复合建筑包含一栋 20 层的公寓和一座 17 层的办公楼，位于市内最繁忙的两条大道的交汇处。该建筑预计在 2017 年竣工。

位于非洲大陆西北角的**摩洛哥**一直是一个浪漫而富有历史气息的国家，但是这一次它将迎来一栋充满未来色彩的高层建筑。在马拉喀什，一栋名为**沙之塔**的多用途建筑将采用太阳能和地热能供暖，同时收集自身产生的废水进行循环再利用。设计师预计每年收集的废水大约有 45 000 m³。这些水会流到地下 4 km 处，然后在那里被加热到 100℃，加热后的水将用来为大楼提供能源。虽然这栋大楼在 2025 年才会正式竣工，但位于**卡萨布兰卡**的 Al Noor Tower（图 18）已于 2015 年 6 月开始修建，来自迪拜的开发商透露，该建筑高 540 m，耗资达 10 亿美元。■

图 15　Cayan Cantara，迪拜
© 卡延集团 /Nikken Sekkei
图 16　卡塔尔珍珠岛，多哈
© 联合发展公司 / 卡塔尔珍珠岛
图 17　The Royal Garden，亚的斯亚贝巴
© Sinomark Real Estate
图 18　Al Noor Tower，卡萨布兰卡
© DR Valode & Pistre

http://news.ctbuh.org
获得更多全球高层建筑、城市开发以及可持续建设的最新资讯 请访问 CTBUH 每日更新的网上资源
订阅 CTBUH RSS 新闻，请访问全球新闻档案

16

18

15

17

欧洲中央银行：两栋塔楼，一座市场

文 / Wolf D. Prix

新欧洲中央银行（European Central Bank，ECB）位于法兰克福，它的设计是把一栋高达 185 m 的不规则双塔楼与曾经是批发市场的 Grossmarkthalle 结合在一起。批发市场旧楼建于 1928 年，是一座水平结构的地标式建筑。一座入口大楼将双塔和旧楼连在一起，使二者形成了一个在建筑上具有特殊意义的整体。两栋高塔之间的玻璃中庭配备了天桥、通道和平台，形成了一座垂直城市，将欧盟的雄心壮志很好地体现出来。

1 设计理念：双曲面切割

起初，ECB 的计划纲要明确提出，这栋建筑作为欧盟的标志，应该是独特而具有象征意义的。设计师们认为只能以一种截然不同的几何结构才能达到这种目标。因此，ECB 的建筑理念是将一个矩形模块沿双曲面的走向往下切割，使之形成两个楔形体，再将它们旋转扭曲并为一体。在这个过程中，新产生出来的中部空间将用玻璃中庭来填充（图 1）。最终，我们看到的是一个非常复杂的几何体，是一栋从不同角度可以看到不同外观的多面体大楼：从东南面看，它庞大而充满力量（图 2），从西面看，它纤细而充满活力（图 3）。

2 办公塔楼

新建的双塔楼内有多个会议室，可容纳近 2 900 个工作区。理事会会议厅和 ECB 决策人员的办公室位于塔楼的高层。极具灵活性的楼层实现了办公配置的多样化，在这里既有单人办公室，也有可以容纳 10~12 人的大型办公室。办公区沿着双塔楼外立面的内侧而建，每层都配有一个小型厨房和一处公共区域。

3 “垂直城市”的原理

玻璃中庭位于两栋办公塔楼之间，它的建造以“垂直城市”为理念，通过搭建交互平台和天桥来营造一种城市街道和广场的感觉。与众不同的中庭和可视的钢支撑结构使 ECB 双塔楼成为一类全新的摩天大楼。

通过交互平台，员工可以从快速电梯换乘到区间电梯。平台和上下楼层之间都有楼梯相连，让工作人员可以轻松地在两座塔楼之间穿行并进行工作以外的交流。

连接层与传输层将中庭横向分成三块高度不同的区域，高度从 45~ 60 m 不等（图 4 和图 5）。所有的垂直入口在中庭相互连接——就如同公共广场一样，吸引着人们前来交流。通过电梯和楼梯，塔楼内的各处与批发市场旧楼的办公区和交流区连接在一起，几座“悬挂式花园”也将按计划修建，它们将带来宜人的室内环境。

4 作为“城市客厅”的Grossmarkthalle

Grossmarkthalle 旧楼承担了半公共空间和信息交流中心的功能。因为它是登记在册的受保护建筑，所以建筑师们除了要保证它在功能和技术上达标之外，还要在维持它的基本外观的同时，将其纳入 ECB 新楼建筑设计方案。作为现存的地标性建筑，Grossmarkthalle 在 20 世纪 20 年代曾经是一个批发市场。现在，它的功能则变成

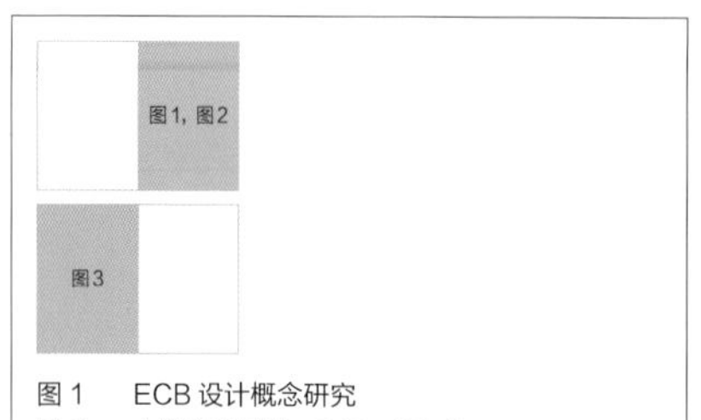

图 1 ECB 设计概念研究
图 2 大楼东南景观 © Paul Raftery
图 3 欧洲中央银行——全景 © Paul Raftery

作者简介

Wolf D. Prix，设计总监
COOP HIMMELB(L)AU
Wolf D. Prix & Partner
Spengergasse 37，1050 维也纳
奥地利
t：+43 1 5466 0110
f：+43 1 5466 0600
e：prix@coop-himmelblau.at
www.coop-himmelblau.at

Wolf D. Prix

Wolf D. Prix 是 COOP HIMMELB(L)AU 的设计总监和创始人之一，也是解构主义建筑运动的发起人之一。1988 年，COOP HIMMELB(L)AU 受纽约现代艺术博物馆的邀请，参加了解构主义建筑展，并取得了国际性的声誉。在后来的几年内，Prix 和 COOP HIMMELB(L)AU 斩获了多项国际建筑设计奖项，包括奥地利国家创新奖和奥地利艺术与科学荣誉奖。他同时也是奥地利艺术评议会和欧洲文理科学院的永久成员之一，并从 2014 年秋天起担任罗马 Curia 艺术中心的主席一职。有两所大学授予了他荣誉博士学位，分别是：阿根廷巴勒莫大学（2001）和罗马尼亚布加勒斯特建筑技术大学（2014）。

项目资料

竣工日期： 2014 年 11 月
高度： 185 m
层数： 45 层
总面积： 106 000 m²
功能： 写字楼
业主 / 开发商： 欧洲中央银行（ECB）
建筑事务所： COOP HIMMELB(L)AU（设计）
结构工程师： Bollinger + Grohmann（设计）
电机工程师： Arup（设计）；Ebert-Ingenieure Nürnberg（工程）
项目经理： Drees & Sommer Advanced Building
总承包商： Linder GmbH；Gartner Group；Seele；Spannverbund；Ed. Züblin AG
其他顾问： ARGE Katzenbach（地热）；HHP-Süd Beratende Ingenieure GmbH，Ludwigshafen（防火）；Jappsen Ingenieure GmbH，Oberwesel（竖向交通设计）；unit-design GmbH（导向标识系统）；Vogt Landschaft GmbH（景观设计）

> 玻璃中庭位于两栋办公塔楼之间，它的建造以‘垂直城市’为理念，通过搭建交互平台和天桥来营造一种城市街道和广场的感觉。

了“城市客厅”。在宽阔的大厅内部，会议与访客接待中心、图书馆和员工餐厅作为独立的建筑结构呈对角式分布（很好地执行了“建筑中的建筑”这个概念）(图 6)。

5 入口大楼

兼具美观与实用的浮式门楼从外部切入大厅，将写字楼和 Grossmarkthalle 连在一起。不对称的轮廓、倾斜的外立面和宽大的窗户，让入口大楼成为 ECB 北面一处醒目的入口，大楼内设有大堂、双层新闻发布厅和一个演讲室。

新闻发布厅可通过自带的前厅进入，楼上为记者们设立了临时工作区。新闻发布厅的旁边还设有第二间大会堂，再加上塔楼和市场大厅之间一条名名“环圈”的玻璃走廊，共同构成了一座完整的入口大楼。

薄壳屋顶是 Grossmarkthalle 建筑设计中的关键，它确立了 Grossmarkthalle 的建筑样式，也决定了入口大楼在 Grossmarkthalle 中的位置。20 世纪 50 年代，按照传统的密肋楼盖施工工艺，15 个薄壳屋顶中有 5 个被重建，它们的结构框架也因此和原来的顶板不再相同，文物保护部门同意将这些顶板连同框架一起拆除，为修建入口大厅留出足够的空间。

6 可持续能源的概念

无论是在建筑设计竞赛中，还是在评估和规划程序的每个阶段，高效能源和能源的可持续性一直是需要重点考虑的问题。根据 ECB 提出的能源设计方案，经过优化的能源消耗将比《德国节能法案》的标准低 30%。设计者们为了完成这个目标分析了各种可能性，并将重点放在外立面和技术系统上。他们列出了可行的节能概念，包括：雨水的利用，热回收，高效隔离，太阳能防护，隔热和自然通风（图 7 和图 8）等。某些区域，如中庭和 Grossmarkthalle 的开放区域没有配置空调系统，因为这些区域本身就是作为内部与外部环境之间的缓冲区。办公塔楼的“混合式防护幕墙”有三层，通过与房间等高的垂直通风构件，为办公区提供了直接而自然的通风条件。

这套出色的节能系统具有以下特点：

- 高效隔离——在 Grossmarkthalle 的薄壳屋顶和窗户这些表层区域，隔离设施已经得到了改进。此外，员工餐厅和会议区这些新设施有独立的外立面，它们作为“建筑中的建筑”元素被融入市场大厅之中。因此它们自成一体，有自己的微气候。
- 节能型三层玻璃幕墙——高层建筑的幕墙通常选用常见但质量上乘的构件，由此保证楼层表面具有高效的节能特性，

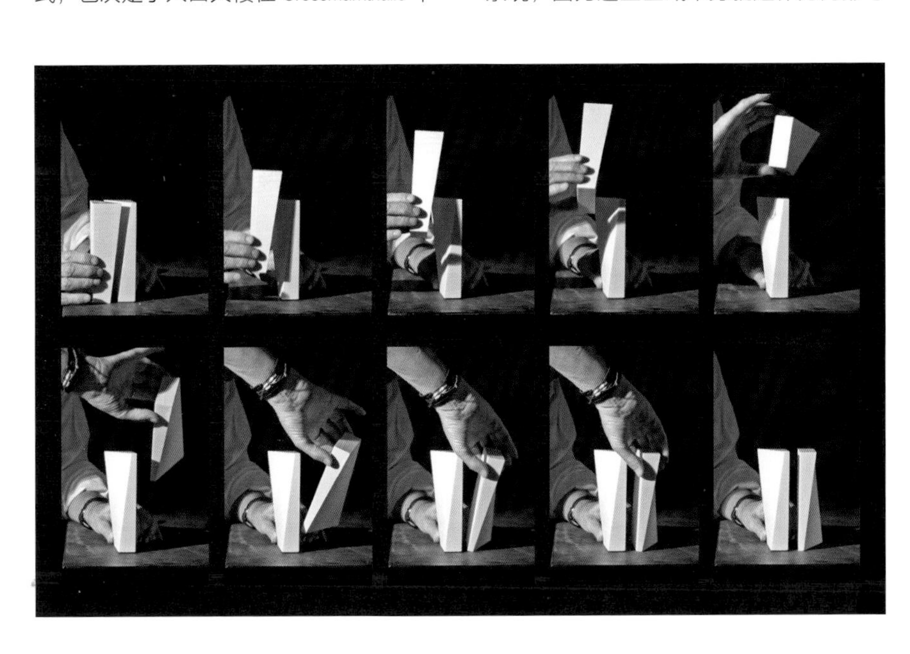

同时这些构件也容易替换。

• 能够自然通风的办公区——除了中央通风系统之外，楼层的幕墙内还嵌入了自动化通风构件，让办公区拥有直接而自然的通风条件，办公人员在不使用机械通风设备的情况下，也可以呼吸到新鲜空气。人们也因此对室外天气有更直观的感受。

• 高效遮光系统——幕墙内安装了高效遮光板 / 炫光遮挡板，以防止建筑物从阳光中吸收过多的热量。

• 再生热能——建筑群内的计算机中心会产生废热，这些热能会折返到一个天花板制热系统中，以此来给办公区供暖。ECB 的新建筑群同时和法兰克福市高效的热能系统与电力系统相连接。

• 可供暖和制冷的地热能源——为了进一步降低能耗，高层建筑的桩基内嵌入了地热环路，该环路位于地下 30 m 处，接近法兰克福市的基岩层。地热环路可连接到热能中心的热泵和水回路，在冬天取地热制暖，在夏季则取冷气降温。

7 结构框架

办公塔楼的总体结构框架由双塔中的钢筋混凝土和中庭里的垂直钢框架两部分组成。

除了扭转的大楼和扭曲的外立面，钢框架的外观也是办公塔楼整体结构中的标志性元素。不论是门楼还是 Grossmarkthalle 里的“建筑中的建筑”结构元素，都是用钢框架构建而成的。

框架结构是中庭整体设计里的一个亮点。清晰可见的角钢桁架加固了双塔，中庭的挑空最高处可达 60 m，角钢桁架的应用也凸显了中庭的开放空间。中庭内还有 4 座交互平台，它们不仅是公共区域和非正式会面地点，还是双塔的结构性支撑。斜向钢桁架和交互平台相互结合，共同构成了垂直框架（图 9）。

紧邻中庭的电梯井起到了支架的作用。这样的设计让办公区的建筑面积得到了更有效的利用。因为所有的电梯都面向中庭、开放区域和户外景观，所以乘客们不仅在电梯内就知道自己的位置，还能在离开后明确了解自己的出行方向（图 10）。

根据“建筑中的建筑”这一概念而建造的 Grossmarkthalle 内部会议区使用了外部钢框架。框架的矩形支撑和托梁结构将会议厅环绕其中。基于这个设计，庞大的结构框架所展示出的扭结和变形，让现有的建筑系统成为新型建筑

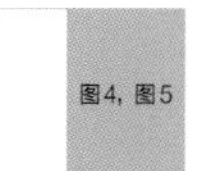

图 4　仰视中部的中庭

图 5　剖面图展示了双塔间的中庭，强调了“垂直城市”的概念

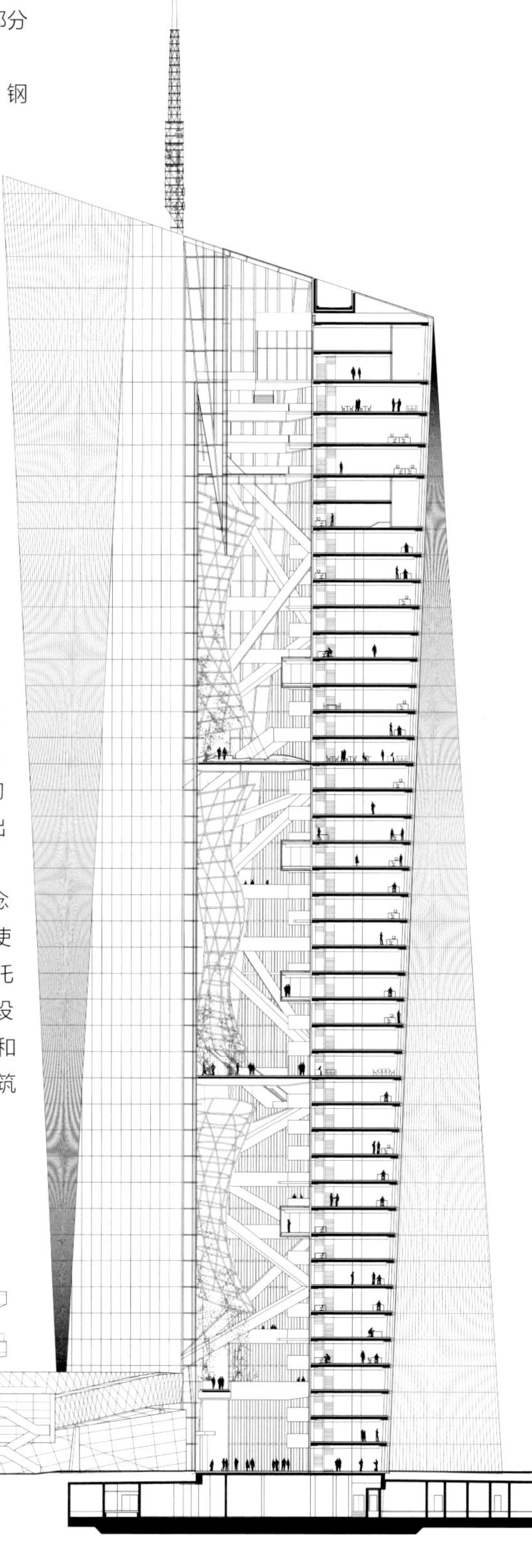

「塔楼的外立面使用的是平面玻璃板，90% 的玻璃板是完全一样的，每块玻璃板的高度与楼层相等，所以只有垂直构件是可见的。平面玻璃板经过这样的布置后，形成了单一而有弧度的玻璃面。」

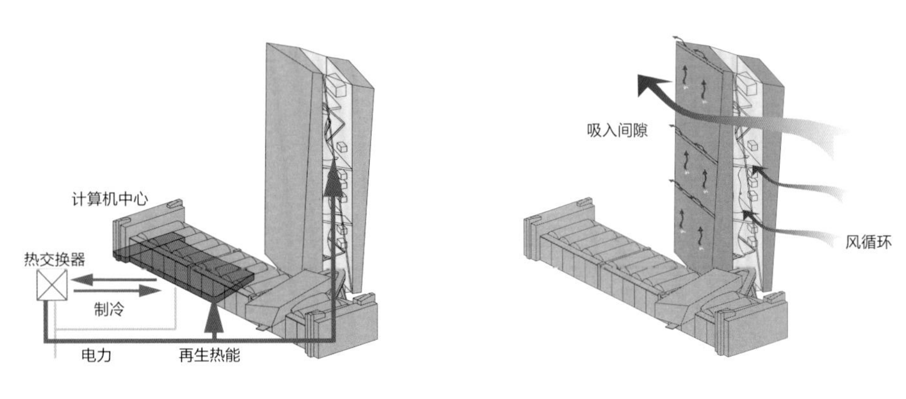

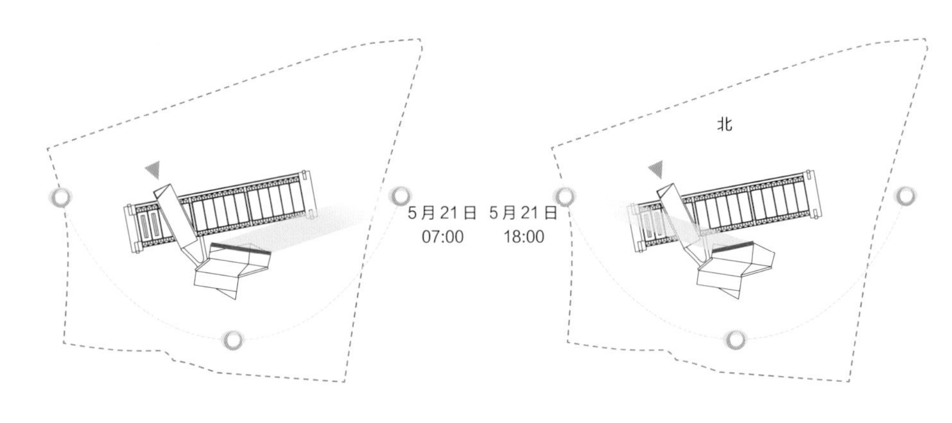

元素里的点睛之笔。容纳了新闻发布中心的入口大楼，作为钢筋混凝土 / 钢框架的复合体，从 Grossmarkthalle 的上方和外方延伸出去，在结构上与 Grossmarkthalle 的会议区保持一致。入口大楼由交错的桁架构成，每根桁架的高度均超过 1 m，在视觉上强调了新大楼的正门。会议区的天花板由钢筋混凝土构成。入口大楼的钢架则隐藏在铝板下，是无法看到的。

8 外立面

办公塔楼完全被玻璃板所覆盖，光与影在板面上交替变幻，白天任何时候都可以看到这种景观。玻璃立面的扭结和扭转使得日光和反射的云纹不尽相同。

不同几何体合成的建筑外形，让办公塔楼看起来就像一块巨大的水晶，楼体的东西外立面是倾斜的，南北外立面则是双曲抛物面。为了有效控制成本，就必须确保这样的双曲抛物面可以由两组直线构成。高层建筑外立面的设计正是以这条原则为设计基础的。

塔楼的外立面使用的是平面玻璃板，90% 的玻璃板是完全一样的，每块玻璃板的高度与楼层相等，所以只有垂直构件是可见的。平面玻璃板经过这样的布置后，形成了单一而有弧度的玻璃面（图 11）。建筑表面覆盖着最先进的三层“混合式防护幕墙”，这种幕墙集箱型窗户、双层窗户和双层幕墙的功能于一体，是在改良传统幕墙建造工艺的基础上得到的合成体。两面玻璃板之间嵌入了铝制的夹层，从而增强了幕墙的遮阳效果。

塔楼的办公区虽然装有空调，但是通过一种全新的开启装置，将玻璃板从框架中水平移出，从而使自然通风成为可能。

这个装置“躲藏”在外层幕墙的后面，新鲜空气可以通过由此形成的缝隙不断地进入办公区。如果通风板打开了，办公区的空调就会自动关闭，从而达到节能的效果。使用者可以电动操控开启装置，并控制通风口的宽度。

中庭外立面的玻璃板被安装在特制的钢格上，透过玻璃板，钢格的轮廓清晰可见，它非常坚固，可以承受和中庭等高的所有玻璃板的重量。为了与设计理念一致，中庭的玻璃釉色偏中性，质地透明。人们可以透过中庭看到后面的塔楼。为了增加玻璃中庭的透明感，中庭的顶部同样由玻璃构成。通过慎重使用玻璃涂层和安装多种遮阳装置，中庭外立面吸收的太阳能低于 10%，而外面的天空在这种情况下透过玻璃板依然清晰可见（图 12）。

入口大楼的表面基本被铝板所覆盖，狭窄的接缝交错成网，将它和 Grossmarkthalle 鲜明地区分开来。入口大楼尽头的外立面穿过 Grossmarkthall，伸向 Sonnemannstrasse 的方向，此外，立面的楼体向两个方向弯曲。入口大楼的这个外立面是由贝壳形的弯曲板材搭建的，这与办公塔楼的平面玻璃板外立面的形态构成鲜明对照。新闻发布厅的前方是一面巨大的全景窗户，位于新闻发布中心下方的正门入口区，其外立面和通向塔楼的走廊一样，大多由玻璃板构成（图 13）。

9 城市建设和建筑设计

ECB 位于法兰克福奥斯坦德区，其建

图6	图9，图10
图7	
图8	图11，图12

图 6 Grossmarkthalle 旧楼 © Paul Raftery
图 7 能源与环境概念
图 8 日光照射与照明研究
图 9 中庭在双塔间开辟出一片空间，醒目而又统一 © 欧洲中央银行 /Robert Metsch
图 10 ECB（欧洲中央银行）的电梯面向中庭，提供了大面积的挑空空间，这些电梯不仅起着引导人流的作用，还节省了办公区的建筑面积
图 11 “混合式防护幕墙”的使用为写字楼带来了能源的高效利用和舒适的办公环境 © 欧洲中央银行 /Robert Metsch
图 12 中庭外立面 © Paul Raftery

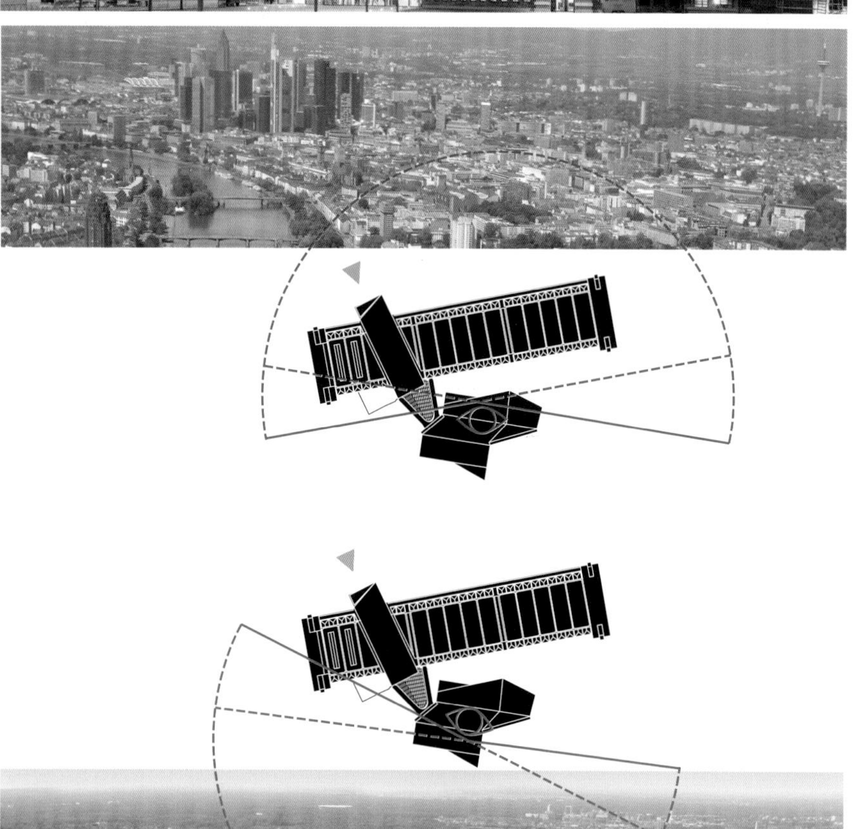

筑设计巧妙地与大环境相融合。清晰的城市视角定位，让欧洲中央银行楼群得以和老歌剧院、博物馆区以及金融区天际线等法兰克福的重要建筑群和谐互动。无论是站在法兰克福市中心的任何一个重要方位，还是漫步于美茵河畔，你都可以看到那栋醒目的双塔。法兰克福的东区以塔楼这个强大的参考点为圆心，形成了第二个城市中心（图 14）。从多中心城市远比单一中心城市更有活力这一原则来看，以银行双塔为代表的东区已经成为一个多中心城市。充满张力的区域开始在城市中心之间形成，并由此催生出全新的发展。

10 结论

ECB 总部大楼的设计既反映了其所在城市在时代与空间上所展现的固有张力，又映射出它在欧洲经济政策管理中所扮演的角色。虽然欧盟这一理念深入人心，但敏锐的观察者仍会注意到，欧洲的过去与当下并未摆脱某种对抗性的张力，这种张力见于民众与国家之间、经济优先权与环保之间、媒体与政府之间。因此，ECB 建筑设计成为认同这种张力的最佳复合体。这也赋予欧洲中央银行新大楼的多元素一体化更为深远的意义，让这栋新建筑成为天际线上的更乐观、更具代表性的存在。

11 黑森文化奖

2013 年 11 月，Wolf D. Prix 作为 COOP HIMMELB(I)AU 建筑事务所的总监，因设计了新的欧洲中央银行大楼而赢得了极具声望的黑森文化奖。自 1982 年起，该奖项每年都会授予对艺术、科学和文化媒介作出特殊贡献的人。“COOP HIMMELB(I)AU 建筑事务所为法兰克福创造了一个新的现代地标，这就是全新的欧洲中央银行”，拥有 11 位成员的理事会在一份声明中如此评价该奖项。■

ECB 位于法兰克福奥斯坦德区，其建筑设计巧妙地与大环境相融合。清晰的城市视角定位，让欧洲中央银行楼群得以和老歌剧院、博物馆区，以及金融区天际线等法兰克福的重要建筑群和谐互动。

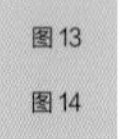

图 13　门楼　© 欧洲中央银行 /Robert Metsch
图 14　办公塔楼的视野方位

香港的气候变化：通过可持续性的改造缓解气候变化对建筑的影响

文 / Kevin Wan　Gary Cheung　Vincent Cheng

近日，跨政府气候变化专门委员会（IPCC）出具的报告提高了公众对能源消耗及其对环境影响的意识。香港现有高层建筑约 41 000 栋。预测未来这个数字将以每年 450 栋的速度增长，并在 2050 年达到 58 000 栋。为了协助对现有建筑进行可持续性改建的构想，以及调查气候变化对建筑能源效能的长期影响，一套由五个步骤组成的拯救性策略被开发出来。本文的研究对象是香港一栋经过美国能源与环境先锋设计（LEED）认证的商业办公楼——华润大厦，这栋建筑经过该拯救性策略进行了改建。本文同时调查了气候变化对未来建筑的能源效能的影响。

1　对香港电能使用的回顾

在过去的 30 年里，尤其是经济迅猛发展的 20 世纪 80 年代和 90 年代初期，香港的能源消耗增长显著。从 1975 年到 2014 年，一次能源需求（PER）从 195 405 TJ 增至 601 544 TJ，年增长率达到了 3.2%[1]。绝大多数一次能源需求（以煤炭、天然气和石油制品为代表）都用在发电上，2014 年此部分能源消耗占了一次能源总需求的 63.3%。商业部门是能源消耗的主力军，占 2014 年总能源消耗的 66%。图 1 展示了从 1979 年到 2012 年间商业部门的月度能源消耗[2]。

如此显著的能源消耗，究其原因还是对更舒适室温的持续需求，尤其是在闷热潮湿的夏季对空调系统的需求（Lam 等，2003，2004）。香港地处亚热带，冬季短暂，气候温和，但夏季漫长，气候闷热潮湿。商业建筑内部的高热量主要来自用户和设备、空调系统常年运转（Lam，1995；Lam 等，2009）。经调查，10% 的总电力消耗来自非主要制冷期的空调系统，而主要制冷期是从 3 月到 11 月。根据这个假设，我们可以推算出月度空调系统所消耗的电量（图 1）。从 1979 年到 2012 年，空调系统的耗电量从 1 120 GW · h 增至 8 521 GW · h（增长了近 8 倍），约占商业部门总耗电量的 30%。这个结论与《香港能源最终用途数据》中的增长 29%~32% 保持一致（EMSD 2008）。

2　香港现有建筑

电力消耗主要来自建筑（香港的建筑消耗为 90%），而香港温室气体（Greenhouse Gas，GHG）排放中约 60% 来自建筑能源消耗（环境局 2010）。图 2 显示了从 1970 年到 2013 年间香港住宅楼与非住宅楼的总建筑面积。香港的建筑建设从 1970 年开始呈增长趋势，该趋势在 1991 年达到顶峰，而后走低。在 2010 年，现有楼龄 20 年甚至更老的建筑占了总建筑数量的一半，而楼龄在 30 年及以上的建筑则超过了 20%。

根据图 3 所示，香港的建筑总量将在 2050 年达到 58 000 座，相当于每年增长 450 座。对现有建筑的替换和翻修一直在进行中，预计在 2020 年将有 14%（5 600

1　*Hong Kong Energy Statistics Annual Report*. Census and Statistics Department, Hong Kong SAR, 1979–2008. http://www.censtatd.gov.hk.

2　*Hong Kong Monthly Digest of Statistics*. Census and Statistics Department, Hong Kong SAR, 1979–2012. http://www.censtatd.gov.hk.

作者简介

Kevin Wan

Gary Cheung

Vincent Cheng

Kevin Wan

Kevin K.W. Wan 博士在建筑环境领域有 10 年的研究和工程经验。他专攻可持续性策略、能源规划、零耗能能源建筑设计、可持续性发展评估系统实施与机械工程等领域。

Gary Cheung

Gary H.W. Cheung 有着 12 年的研究员和工程师的从业经验。他的专业领域包括自然采光、太阳能和低碳设计。Cheung 是首位参与英国建筑研究院绿色建筑评估体系（BREEAM）认证的中国审计师。为了表彰他的开创性成果，他获得了 2013 年英国绿色建筑评估体系认证一等奖（BREEAM Country First Award）。

Vincent Cheng

Vincent S.Y. Cheng 博士的专业领域包括可持续性总体规划、低碳与零碳设计、美国能源与环境先锋设计评级体系（LEED）和香港绿色建筑认证体系（BEAM Plus）、生命周期分析以及空气流通评估（AVA）。在香港地区，他参与了六十余个 LEED 和 BEAM Plus 的项目。

Kevin Wan，能源与可持续性发展顾问
奥雅纳工程顾问公司
12777 West Jefferson Boulevard，Building D
洛杉矶，CA 90066，美国
t：+1 310 578 2809
f：+1 310 861 9029
e：losangeles@arup.com
www.arup.com

Gary Cheung，工程师
Vincent Cheng，主管
奥雅纳工程顾问公司
Level 5 Festival Walk
80 Tat Chee Avenue，Kowloon，香港，中国
t：+85 2 2528 3031
e：hongkong@arup.com
www.arup.com

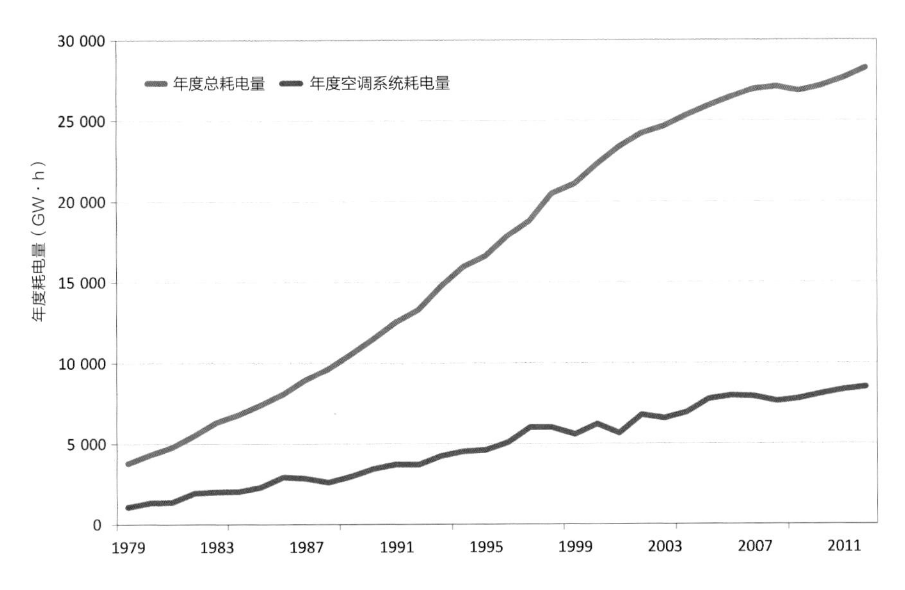

座）的现有建筑需要替换和翻修，这个数字将在 2030 年增至 26%（10 400 座），并在 2050 年涨到 44%（17 600 座）。而重建不仅可以保存现有建筑，还能避免由于拆旧建新而导致的大量碳排放，可算是一种很有潜力的策略。

3　碳排放减少目标

建筑通常有 50 多年的使用周期，这些建筑导致了占全球 1/3 的温室气体排放（Guan，2009）。因此，分析气候变化在未来如何对建筑产生影响，以及寻求能源消耗上可能的改变就显得尤其重要。

2010 年 9 月，香港环境局公布了最新计划来攻克气候变化带来的问题，该计划承诺在 2005 年碳浓度的基础上，将 2020 年的碳浓度降低 50%~60%。这意味着到了 2020 年，CO_2 年排放量将减少 2 800 万 ~3 400 万 t，或比照之前的增长将有 1 200 万 ~1 800 万 t 的减少（C&SD 2013）。如果现有建筑的能源消耗能一直保持良好的状态，那么不但可以显著地减少电力消耗，还能减少碳排放。但是，以优化的设计方案来帮助被改造过的建筑度过气候变化仍是一项挑战。本文将为改造高层建筑提出生存策略，同时研究气候变化对香港可持续性改造建筑项目的影响。

图1
图2，图3

图 1　香港商业部门月度耗电量（1979–2012）
图 2　1970 年至 2013 年间香港的建筑建设
图 3　对香港现有建筑变化的推测

4　可持续性高层建筑设计：生存策略

虽然现有建筑是城市遗产的一部分，但是它们在能耗上的巨大影响不容忽视。一项五步计划将帮助制定可持续性改造策略，同时研究在长时间内，建筑质量在未来气候变化的影响下将如何变化（Arup & PCA，2008；China Resources Property Limited，2014）。

4.1 第一步：建立基准线

对于每一个建筑改造项目，在决定升级方案之前设立一条基准线是很重要的。关键业绩指标（Key Performance Indicators，KPI）可通过各种审计工作得出、包括能源消耗、居民满意度、设施管理和运行以及建筑情况。其他基准线包括水消耗、废弃物产出和室内环境质量。审计结果可以和相关标准进行比较来决定是否有改造的可能性。

4.2 第二步：复审现有建筑设计和养护记录

有效的楼体养护对建筑的高效运行是至关重要的。多数建筑的设施管理（Focilities Management，FM）合同都能得到良好的执行，但缺乏定期的复审。这样的话，最大化节约能源和优化性能的机会往往会被忽视。

只需在建筑设施管理策略复审上进行不多的投入，就很可能有助于评估并确保投资的有效性，或者设定更严格的标准，保证投资的价值。

4.3 第三步：设立目标

在审计结束后，可将所得到的各项结果与标准进行对比，以此来决定改造的可能性。建筑资产的核心目的如“较少的短期运营成本”、“增加建筑存量的价值”、“获取可销售的可持续性评级”等，主要是为了支持业主的商业目标。

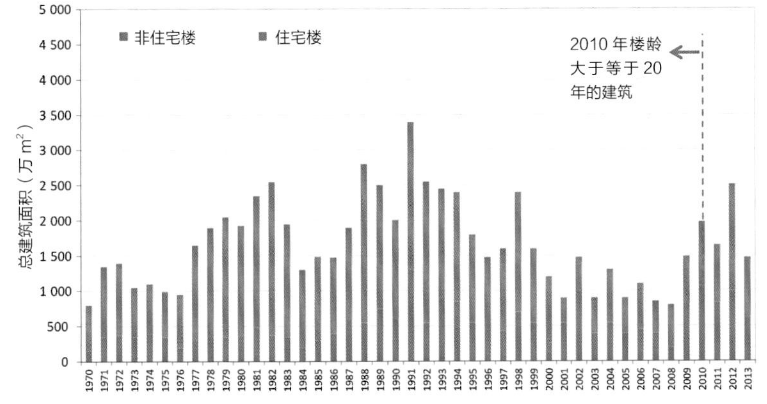

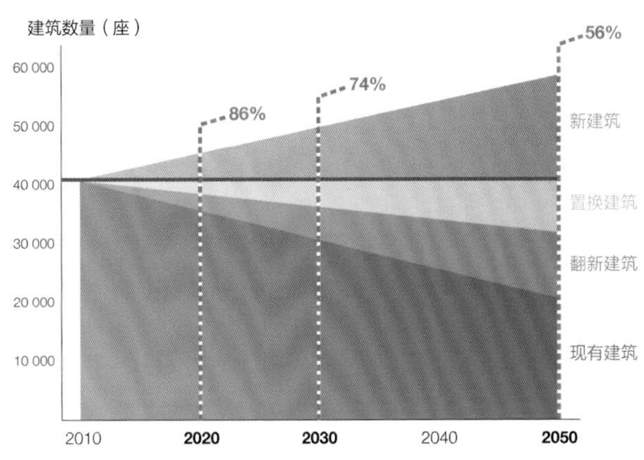

China Resources
sustainable redevelopment

4.4 第四步：决定改建策略

接下来，便可以制定最理想的可持续性改建计划来给建筑升级了。改建计划分属不同的类别，如管理、能源、排放、室内环境质量、水、场地与运输等。每个提案皆根据其在开销、环境效益、住户和业主方面需要介入的等级来进行排列。在每项分类中，方案以开销递增的顺序排列（如开销最低者位列第一）。财务评估工具如最简单的回报计算，或是内部收益率（Internal Rate of Return，IRR）可帮助业主决定最好的方案组，从而利用最合理的开销达到环境效益最大化。

4.5 第五步：调查减排潜力和气候变化所带来的影响

考虑到以前的技术效率和相对宽松的建筑设计标准，老旧建筑的碳排放量通常都很大。通过调查建筑是如何应对气候变化的，可帮助业主理解建筑能源消耗可能产生的变化，并在建筑整体寿命的基础上展开计划（Day 等，2009）。几位作者（Wan，2011；Wan 等，2011）在早期文章中曾对气候变化对建筑冷热负荷及能源消耗的影响作了论述，这为本文的案例分析提供了可用的框架。有关气候变化对建筑生存策略之影响的详细调查，将在案例分析后进行讨论。

5 改造案例研究：香港华润大厦

高 178 m 的华润大厦（China Resources Building，CRB）建于 1983 年，建成后成为当时香港最高的大楼（图 4）。在经济大萧条过后，为了与房地产市场中越来越多的新建筑竞争，业主决定对华润大厦进行升级改造。这期间，传统的“拆毁重建”被弃用，取而代之的是更加环保的方式。在与业主和项目团队协同合作后，可持续发展顾问终于在五步可持续建筑重建框架的基础上，为大楼构建了详细的升级策略。

5.1 能源及二氧化碳排放审计

通过对建筑设计、运营和维护记录的搜集和复审，对楼体的最新情况便有一个透彻的了解。从 2010 年到 2013 年，华润大厦进行了一个为期 4 年的能源及二氧化碳综合审计项目，调查改造前后大楼的能源消耗和温室气体排放情况。根据香港特别行政区政府出台的《能源审核指引》和《香港建筑物（商业、住宅或公共用途）的温室气体排放及减除的审计和报告指引》中所列出的方法，通过测得的数据建立大楼的基准线。

5.2 可持续性升级框架的选择

在完成了对能源和二氧化碳排放的审计之后，下一步则需要为华润大厦制定详细的升级策略。为确保这次重建是全面且具有可持续性的，该策略使用了可持续性发展评估工具，这也是华润大厦与其他传统改建项目的不同之处。LEED 评估系统以其简洁性和享誉全球的知名度被华润选为主要升级框架。LEED 系统从五个方面对建筑表现进行评估，这五个方面分别是建筑工地、水、能源、材料以及室内环境质量（IEQ）。对重建改造策略的设计可以参考 LEED 框架中的各项要求。大楼业主相信 LEED 的标准能够很好地展示出它对承担社会责任和提升建筑价值的承诺。

5.3 重建改造策略的要点

5.3.1 重新利用建筑结构

重建改造的第一要点便是对现有建筑结构的再利用。由此，自拆除过程中产生的建筑废料和对新材料的需求均大大减少。据统计，在现有建筑中，97% 的幕墙、结构核心、地板以及屋顶都被保留了下来。建筑废料管理计划的实施帮助回收再利用了 1 977 t 建筑废料（相当于总废料的 81.3%）。另外，总建筑材料的 12.7% 为

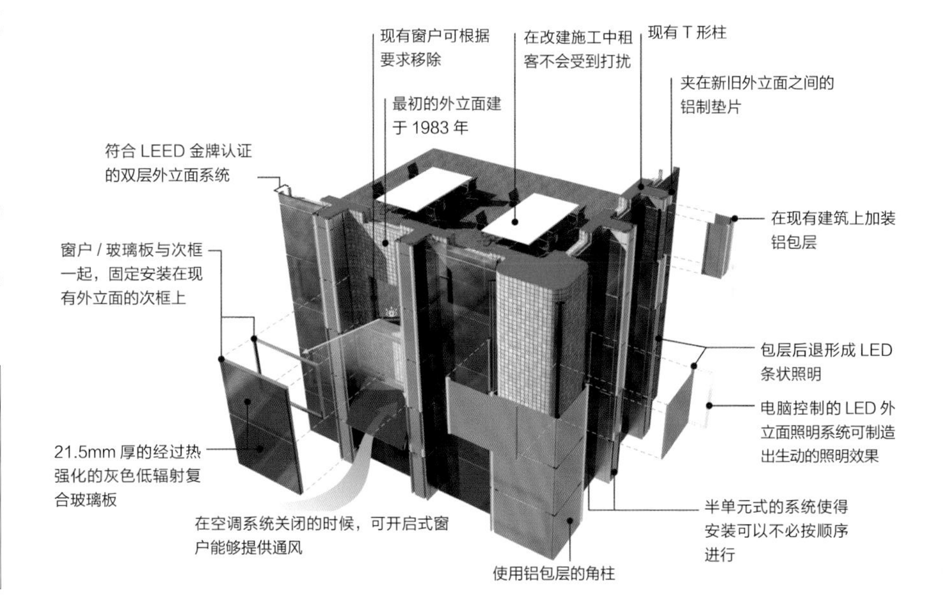

现有窗户可根据要求移除
在改建施工中租客不会受到打扰
现有 T 形柱
夹在新旧外立面之间的铝制垫片
最初的外立面建于 1983 年
符合 LEED 金牌认证的双层外立面系统
在现有建筑上加装铝包层
窗户 / 玻璃板与次框一起，固定安装在现有外立面的次框上
包层后退形成 LED 条状照明
电脑控制的 LED 外立面照明系统可制造出生动的照明效果
21.5mm 厚的经过热强化的灰色低辐射复合玻璃板
半单元式的系统使得安装可以不必按顺序进行
在空调系统关闭的时候，可开启式窗户能够提供通风
使用铝包层的角柱

图4 图5

图 4 香港华润大厦改建前（左）和改建后（右）
© Marcel Lam Photography 摄影

图 5 华润大厦高性能建筑外立面
© Ronald Lu 合作伙伴

「香港环境局公布了最新计划来攻克气候变化所带来的问题，该计划承诺在 2005 年碳浓度的基础上，将 2020 年的碳浓度降低 50%~60%。这意味着到了 2020 年，CO_2 年排放量将减少 2 800 万 ~3 400 万 t，或比照之前的增长将有 1 200 万 ~1 800 万 t 的减少。」

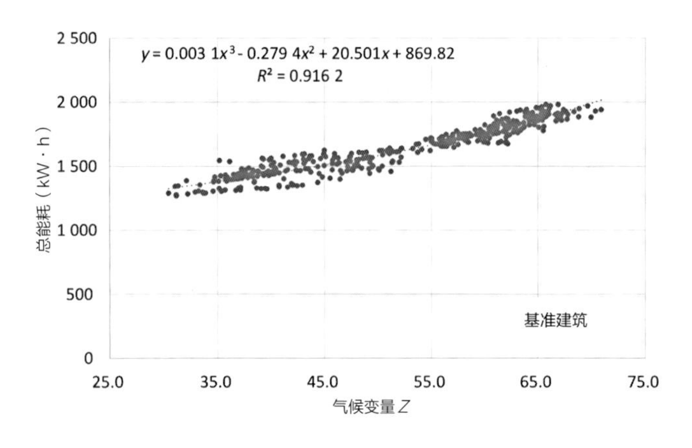

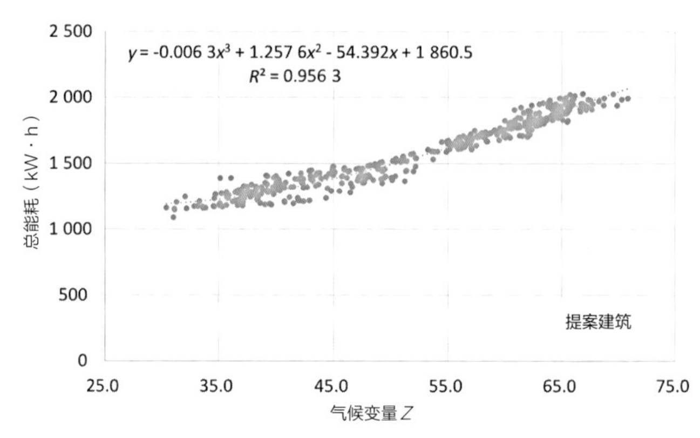

回收利用材料（根据材料总价值计算而来），51.3% 为本地产材料（在距离建筑工地 800 km 的范围内）。由于使用了短途且快捷的运输方式，如卡车、火车、船舶和其他交通工具，选用产自当地的建筑材料减少了碳排放。

5.3.2 节水设备

在升级改造过程中，大楼加装了各种节水设备，包括双冲水坐便器、低流量小便池、自动感应龙头。这些措施有效地减少了不必要的用水以及水资源浪费。与 LEED 的基准线标准相比，可节省的耗水量多于 30%。

5.3.3 能源系统的性能

- 高性能楼体外立面

为了赋予大楼现代化的设计，使其易于维护，同时考虑到翻新建筑材料的生命周期，设计团队采用了稳定性好的建筑材料，例如玻璃板、铝、不锈钢包层和幕墙（图 5）。在能源效率方面，采用低辐射玻璃板作为主要的外立面材料。特殊的低辐射涂料在允许可视光线进入的同时，将进入室内的紫外线（UV）和红外线减至最小。如此，进入室内办公空间的太阳能辐射将大幅减少，而室内的照明仍可由自然光提供。

- 电梯系统的升级和重新分区

为了缓解高峰期一楼电梯大厅的拥堵现象，一种载客量更大且更节能的电梯取代了大楼原有的电梯系统。另外，重新分区使一楼和二楼共同分担了原本全部集中在一楼电梯大厅的客流。对电梯服务区的重新规划不仅优化了大楼管理和人流控制，还最大限度地利用了升级后的电梯系统。

- 高效照明系统

LED 灯被广泛应用在大楼室内和外立面上，另外 T5 高效荧光灯管也是主要的照明设备。与传统的 T8 照明设备相比，这两种照明系统能耗都较低，容易维护并且使用周期较长。LED 灯的寿命是 5 万 h，而 T5 荧光灯管的寿命则是 15 000 h（数据来自特定检测环境）。另外，改建后的空间将加装日光感应器和灯控感应器。在自然光达到预设亮度，或当空间在预定时间内未被使用时，此类感应器会将灯光亮度调暗（从而减少相关能耗）。尽管初期投资较高，但是长期使用所带来的节能潜力和降低温室气体排放等益处也是物有所值的。

- 海水冷却系统

利用靠近维多利亚港的地理优势，暖通空调系统中运用到了海水冷却技术。海水可以为制冷设备提供非常稳定而高效的散热池。和普通的空气制冷器相比，海水制冷设备的能源消耗要低 20%。在当前项目中，热交换器内装有钛金管，将热量从冷凝水传递至海水中，这种方法可以达到不接触海水而散热的目的。值得一提的是，钛是一种非常耐用的金属，而且抗海水腐蚀性强。这种不接触海水而达到冷却的方法，将大大增加冷却系统的使用寿命。

华润大厦的可持续性改建成功获得了 2012 年 LEED-CS 金牌认证。根据对能源和二氧化碳的审计，与 2008 年的基准线相比，2013 的耗电量减少了 9.3%（China Resources Property Limited，2014）。这样的进步主要归功于对大楼外立面的升级改造，在减少了太阳能辐射的同时增加了建筑的能源效率。

6 气候变化对华润大厦的影响

6.1 调研方法

本次研究将探索华润大厦未来的建筑能源消耗情况。研究者们研究出了一种用来调查气候变化对设立了基准建筑能耗影响的方法，并与采用了可持续性生存策略的提案建筑进行了比较。简要总结如下。

- 研究者们采用的是主要成分分析法（Principal Component Analysis，PCA），一种分析关联变量相关性的多元统计方法。该方法可以将一系列复杂且关联性极强的气象变量整合成一个或多个黏性指数，PCA 可以更好地梳理因果关系，所以它可以对全空调写字楼的耗电量给出良好的指示（Lam 等，2009，2010）。PCA 主要基于香港历史天气数据（1979–2014）和未来预测数据（2015–2100）。另有新的气候变量 Z 是由干球温度（Dry-bulb temperature，DBT）（单位：℃）、湿球温度（Wet-bulb temperature，WBT）（单位：℃）和太阳总辐射（Global Solar Radiation，GSR）（单位：MJ/m²）这三个气象参数所决定的。
- 华润大厦的能耗模型使用了 eQuest 模拟工具，以基准建筑（LEED/ASHRAE 90.1）和提案建筑（采用可持续性改建）为基础，进行了从 1979 年到 2014 年的多年小时性建筑能源模拟。同时得出的还有以小时为单位的建筑能源消耗。
- 基于 36 年的模拟结果得到了表征建筑总能耗与相应的气候变量 Z 之间关联的回归模型。在基准建筑和提案建筑两个案例中，拟合优度（R^2）从 0.91 增加到 0.95。两个案例中的拟合优度（R^2）均大于 0.9，表明能源消耗和气候变量 Z 之间具有强相关性（图 6）。
- 根据回归模型和气候变量 Z，我们可以对 21 世纪建筑能源消耗的趋势进行推测。

6.2 未来能源消耗和生存策略

对华润大厦基准建筑（ASHRAE 90.1）和提案建筑未来能耗的研究是建立在未来气候指数 Z 和回归模型的基础上的，并由此对可能发生的能耗变化作出估计，同时

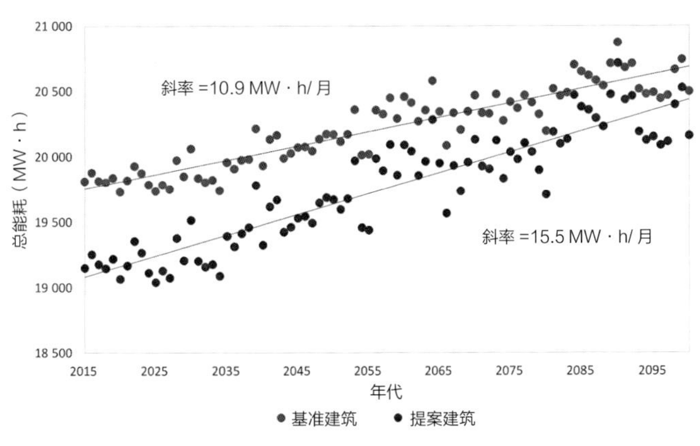

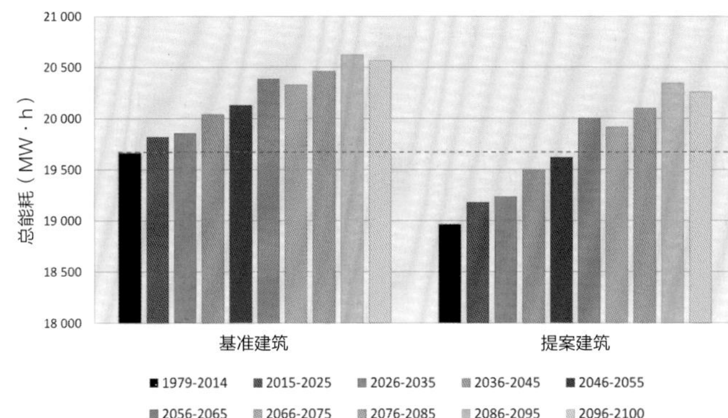

对已经实施的改建策略的减排潜力进行调查。图 7 显示了从 2015 年到 2100 年，基准建筑和提案建筑的年度建筑能耗预测值。从两个案例中可看到明显的上升趋势。基准建筑和提案建筑散点图之间的空隙预示着改建后的华润大厦将带来的节能潜力。基准建筑和提案建筑的总能耗增长率分别为 10.9 MW · h/ 年和 15.5 MW · h/ 年。这意味着在目前的气候条件下，通过改建策略可以有效减少能耗，但如果真实的气候变化超过了基准线率，则改建策略的有效性将会降低。

图 8 显示了对 1979 年到 2100 年的年度平均建筑能耗的分析和总结。在基准建筑和提案建筑两个案例中，我们可以清楚地看到在不同的时间段里，建筑能耗都是在缓慢增长的。在 2056 到 2065 年段，提案建筑的能耗将超过基准建筑的能耗（1979–2014）。这说明改建策略将会帮助延长并缓解气候变化对华润大厦（CRB）的影响，这一过程大约持续 40 年。

6.3 结论

香港的城市人口和建筑面积在持续增长，预示着对能耗需求的增长。而气候变化也让夏季的不适感持续加重，从而使制冷的需求不断上升。空调制冷导致用电量增加，而更多的电能消耗又会产生更多的温室气体排放，从而进一步加剧气候变化和全球变暖。这也无疑会给已经不堪重负的电力供应系统增加压力。

在本文所选用的案例中，可持续改建策略可以成功地延缓气候变化对建筑能耗的影响大约 40 年。尽管所有的工作都是在香港亚热带气候下进行的，但该方法还可用于不同气候条件下的新建筑和现有建筑。对未来建筑能耗和碳排放的研究将会帮助业主和建筑师来选择合适的可持续性设计以及改建策略，并以此来适应 21 世纪的气候变化。■

鸣谢

作者对华润有限公司表达诚挚的谢意，感谢公司为研究所提供的照片。测量后的气象数据来自香港特别行政区天文台。感谢气候模式分析及比较计划（Program for Climate Model Diagnosis and Inter Comparison，PCMDI），世界气候研究计划（World Climate Research Program，WCRP）的耦合模式工作小组（Working Group on Coupled Modeling，WGCM）在 CMIP3 多模式数据集获取中所作的贡献，以及美国能源部科学办公室对多模式数据集的支持。特别感谢 Kaj E. Piippo 在数据分析中提供的帮助。

参考文献

ARUP & Property Council of Australia (PCA). 2008. Existing Buildings: Survival Strategies: A Toolbox for Re-energising Tired Assets[R]. Melbourne: PCA.

Census & Statistics Department (C&SD), Hong Kong SAR. 2013. Hong Kong Annual Digest of Statistics[R]. Hong Kong: C&SD.

China Resources Property Limited. 2014. Energy-cum-carbon Audit for China Resources Building[R]. 4th Audit Report. REP/209896, September 2014.

Day A R Jones P G, Maidment G G. 2009. Forecasting Future Cooling Demand in London[J]. Energy and Buildings, 41(9): 942–948.

Electrical & Mechanical Services Department (EMSD), Hong Kong SAR. 2008. Hong Kong Energy End-use Data[R]. Hong Kong: EMSD. http://www.emsd.gov.hk.

Environment Bureau . 2010. Hong Kong's Climate Change Strategy and Action Agenda: Consultative Document[R]. Hong Kong: Environment Bureau.

Guan L. 2009. Implication of Global Warming on Air-conditioned Office Buildings in Australia[J]. Build Research and Information, 37(1): 43–54.

Lam J C.1995. Building Envelope Loads and Commercial Sector Electricity Use in Hong Kong[J]. Energy, 20(3): 189–194.

Lam J C, Chan R Y C, Tsang C L, Li D H. W. 2004. Electricity Use Characteristics of Purpose-built Office Buildings in Subtropical Climates[J]. Energy Conversion Management, 45(6): 829–844.

Lam J C, Li D H W. 2003. Electricity Consumption Characteristics in Shopping Malls in Subtropical Climates[J]. Energy Conversion Management, 44(9): 1391–1398.

Lam J C Wan K K W, Cheung K L. 2009. An Analysis of Climatic Influences on Chiller Plant Electricity Consumption[J]. Applied Energy, 86(6): 933–940.

Lam T N T, Wan K K W, Wong S L, et al. 2010. Impact of Climate Change on Commercial Sector Air Conditioning Energy Consumption Subtropical Hong Kong[J]. Applied Energy, 87(7): 2321–2327.

Wan K W. 2011. An Investigation of the Impact of Climate Change on Energy Use in Buildings in Different Climate Zones Across China[D]. PhD Dissertation, City University of Hong Kong.

Wan K K W, Li D H W, Liu D, et al. 2011. Future Trends of Building Heating and Cooling Loads and Energy Consumption in Different Climates[J]. Building and Environment, 46(1): 223–234.

图 6　气候指数 *Z* 分别与基准建筑总能耗和提案建筑总能耗之间的关系

图 7　从 2015 年到 2100 年，基准建筑和提案建筑的年度总能耗的长期走向

图 8　对比基准建筑和提案建筑（采用可持续性改建策略）在过去几年中（1979–2014）和未来几年中（2015–2100）的年平均耗能

顶层公寓设计中的消防安全策略

文 / Hadrien Fruton　Karl Wallasch

顶层公寓通常拥有豪华舒适的生活设施以及 360° 一览无余的都市全景。它们比一般公寓要大一些，其独特的设计特点可能会给消防安全设计带来挑战。其中关键的问题是：当发生火灾时，顶层公寓的住户能否从一座高层建筑的楼顶安全逃生？而且当消防队赶到这么高的楼顶时，顶层公寓里会是什么情况呢？本文简要介绍了伦敦一座独特的五层开敞布局顶层公寓的消防安全策略。该设计需要进行消防工程评估，其中包括计算流体力学（Computational Fluid Dynamic，CFD）模拟的应用，从而证明这种设计方案符合英国建筑法规中的功能性要求。

作者简介

Hadrien Fruton

Karl Wallasch

Hadrien Fruton

Hadrien Fruton 是 Hoare Lea 公司消防工程团队的消防工程师，常驻伦敦。他曾在英国阿尔斯特大学（University of Ulster）学习消防工程，是消防工程领域的专家。特别是在 CFD 建模方面，他将其应用于一套完整而独特的消防安全策略中。他参与过许多住宅、商业和零售地产项目。

Karl Wallasch

Karl Wallasch 是伦敦 Hoare Lea 公司消防工程团队的助理工程师。Karl 是德国魏玛包豪斯大学（Bauhaus University in Weimar）线上硕士课程的导师。他还是英国消防工程师学会（SFPE UK Chapter）秘书和 VFDB（德国消防协会）Referat 4 委员会委员，该委员会发布欧洲消防工程指南。

Hadrien Fruton，消防工程师
Karl Wallasch，助理工程师
Hoare Lea 公司
英国伦敦 Western Transit Shed，12–13 Stable Street，N1C 4AB
t：+44 20 3668 7100
f：+44 20 3479 1591
e：HadrienFruton@hoarelea.com
www.hoarelea.com

1　简介

自 20 世纪 20 年代纽约建造了第一批顶层公寓后，这种公寓就一直备受欢迎，在全球各大都市依然为许多人所追逐。最近，伦敦海德公园的一座顶层公寓以 2.08 亿美元卖出（Huffington Post，2014）；同时，摩纳哥 New Odeon Tower 的顶层公寓预计至少会卖出 3.86 亿美元（The Guardian，2014）。因其奢华的配套设施和 360° 无死角的都市全景，加上比低层公寓更加安静，顶层公寓总会给人一种远离城市喧嚣的感觉。通常顶层公寓也比普通公寓更大，有时还配有直达公寓内部的专用电梯，甚至还可以配有私人天台，私人泳池，或具有其他独一无二的建筑特色。

最近一个例子就是位于伦敦伊斯灵顿区城市大道 261 号的 36 层住宅楼顶层的一套 5 层公寓。这个住宅小区包括三栋楼（A、B、C 栋），都是由 SOM 建筑设计事务所（Skidmore, Owings 和 Merrill）设计。A 栋和 C 栋均为 7 层，各有 2 个楼梯。而 B 栋（也被称为 Lexicon 楼）只有一个楼梯，楼高 118 m，并且即将成为其所在区域的最高楼（图 1 和图 2）。该小区提供 300 多户住房（包括私有住房和经济适用房），并配有温泉浴场、商业区、公共庭院以及在一楼正对着 City Road Basin 的餐厅。

由于顶层公寓是一种类型独特的公寓，具有一些特点和特殊的布局，并且考虑到许多相关法规在消防安全方面的限制，所以建筑师很难在这种情况下有太多灵活性。例如在英国，要让一个开敞式布局设计获得认可，一般需要通过一系列消防工程评估，包括疏散时间计算和 CFD 建模，这些都会在本文中解释。

2　总体消防安全策略

我们这里研究的住宅小区的总体消防安全策略是根据英国社区和地方政府部（DCLG）2013 年《规范文件 B》（Approved Document B）中的建议而制订的。该文件是英格兰和威尔士最广泛使用的消防指南。A 栋和 C 栋都低于 30 m，所以主体结构的最小耐火时长要达到 90 min。B 栋结构的耐火时长则要有 120 min，这是因为它高度远高于 30 m，且整栋楼都安装了自动喷水灭火系统。A 栋和 C 栋都装有干式立管，而 B 栋装有湿式立管。

这几栋楼都高于 18 m，因此都配有消防井，包括通风的消防楼梯，楼梯间每层的消防水管，有应急供电的消防电梯，以及消防门厅（即通风的住宅公共走廊）。B

图1
图2

图 1　伦敦城市大道（City Road）261 号全景
© Mount Anvil
图 2　伦敦在建中的 Lexicon 楼
© Mount Anvil

栋的公共走廊是通过 0.6 m^2 的排烟井采用机械手段通风的，而 A 栋和 C 栋是按照《规范文件 B》的建议通过 1.5 m^2 的排烟井自然通风的。最终，对各楼层都采用了传统的“就地保护”策略，即只撤离火源所在公寓的居民。对于英国的住宅小区来说，这是一种标准的假定：火源处公寓的邻居都可以原地不动，因为设计严密的防火分区提供了很好的保护（耐火时长至少达到 60 min）。在 B 栋的情况中，楼层之间 120 min 的耐火时长能提供很好的保护。

《规范文件 B》在公寓布局上也有诸多限制，它一般要求所有居住房间都连有一个无菌的、装有 FD20 防火门的保护入口大厅，并要求它的耐火时长能够达到 30 min。而英国标准协会（British Standard Institution，BSI）2011 年发布的 BS 9991:2011 标准中的指导条例却提供了更大的灵活性，并且允许公寓在一定条件下采用开敞式布局，比如层高超过 2.25 m；有加强型火警和火灾探测系统（如每个房间都有探测器）；覆盖整个公寓的住宅喷水灭火系统。当公寓的尺寸大于 BS 9991 标准所允许的最大值，或某公寓是多层开敞式布局，那么就需要进行消防工程评估，通过确定公寓在火灾发生时的各种条件，以及确保居民能得到足够的安全保障，来证明这一布局的合理性。若按照这种方法，那么小区内的几栋公寓都需要进行消防工程评估，其中最具挑战性的就是 B 栋楼顶的那座距地面 100 多米的 5 层开敞式布局的顶层公寓。

3 顶层公寓

3.1 几何结构

面积为 385 m^2 的顶层公寓（图 3）有 5 层，配有：

- 位于 32 层的入口和接待室；

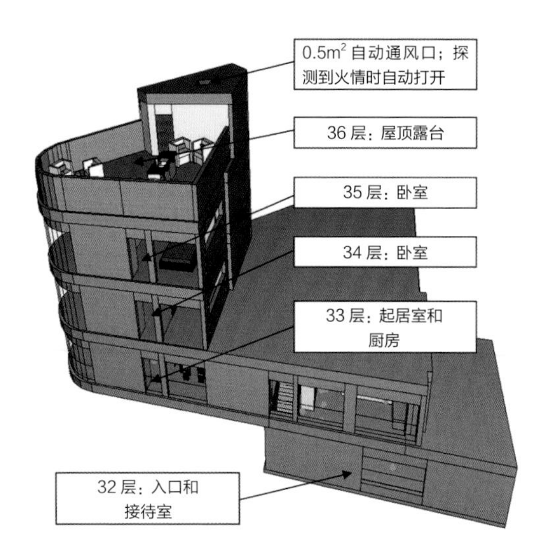

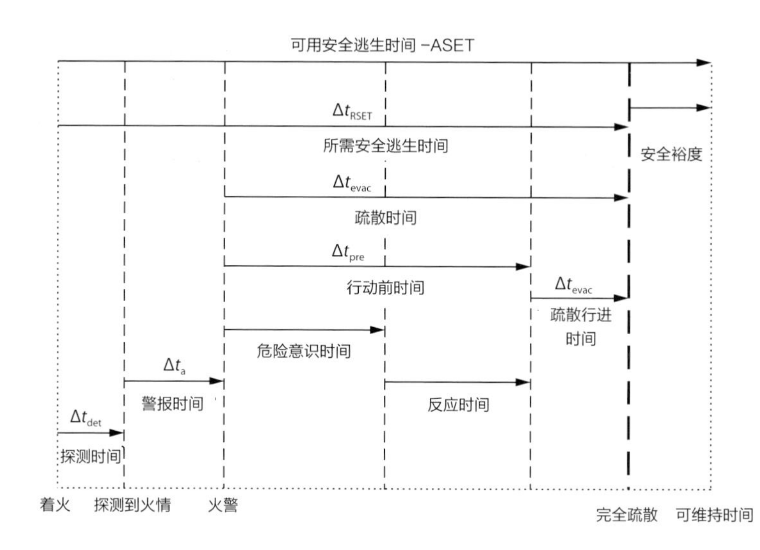

> 由于顶层公寓的固有特性（即位于楼房顶层），要提供备用逃生手段就不得不改变房屋布局，也就不得不减少顶层公寓可出售的净面积。

- 位于 33 层的厨房和起居室；
- 位于 34 层和 35 层的卧室；
- 位于 36 层的屋顶露台。

顶层公寓内有两个楼梯，一个开敞式楼梯连接 32 层和 33 层，另一个则连接 33 层至更高楼层。其他设施还包括：住宅喷水灭火系统，加强型火警和探测系统，以及位于 33 层到 36 层楼梯间顶部的自动开启通风口（Automatic Openable Vent，AOV）。顶层公寓从 32 层的地板到 36 层楼梯间天花板的总高度为 15 m。

3.2 消防工程评估

由于这座 5 层顶层公寓的特殊性，它被认为是与"住房"更加相关，而非普通公寓。一层楼以上、高于地面 4.5 m 以上的住房（通常是 4 层以上的住房）一般需要：

- 安全通道和遍布整栋楼的喷水灭火系统；

或者，

- 安全通道和为 7.5 m 以上楼层而准备的备用逃生手段。

在本研究中，这栋装有喷水灭火系统的顶层公寓设计配有开敞式的室内楼梯，而非所建议的安全通道，并且没有提供备用逃生手段。因此，基于确定性研究的消防工程评估所设定的前提就是，在 36 层天台熟睡的居民能够在两种火灾情境下，通过连接 32 层门厅的室内开敞式楼梯，在灾情失控之前安全逃生。但这是一种最糟糕的假设，因为天台上并没有就寝设施，并且与天台连接的唯一逃生路线的通行距离约为 48 m，这包括了垂直和水平距离。

上述确定性研究的目的是要比较"所需安全逃生时间"（Required Safe Escape Time，RSET）——住户离开顶层公寓并逃离到一个相对安全的地方（公共走廊）所需的时间，与"可用安全逃生时间"（Available Safe Escape Time，ASET）——即住户在灾情因火势和烟雾扩散而失控之前能够获得的逃离时间（BSI 2004）（图 4）。RSET 的计算是基于若干研究的经验数据，而 ASET 的数值是由一款叫做"火灾动力模拟"（Fire Dynamic Simlation，FDS）的 CFD 建模软件来确定的，其中软件模拟更强调火灾中的烟雾和热力输送（NIST 2015）。后者通过对设计提案进行分析，并比对耐受标准，为设计的安全等级提供数值数据。

评估中分析了两种火灾情形：发生在起居室的火灾和发生在厨房的火灾。由英国社区和地方政府部（DCLG 2012）收集的英国 2011—2012 年火灾统计数据表明，在由意外住宅火灾导致的 37 601 起致命或非致命伤亡事件中，61.8% 的火源始于厨房，只有 9.2% 的火源始于餐厅或起居室。然而那些源于起居室的火灾却导致了最致命的伤亡情况，这是由于厨房和起居室火灾在火势大小和火势蔓延几率上的不同而造成的。因此，尽管从发生率上看，厨房火灾本应该是最需要重点评估的，但通过研究一种具有代表性的发生于厨房和起居室的火灾，那么住宅火灾的各种可能性都能够得到评估。

用这种方式评估开敞式布局已不是第一次了，被评估的设计要么是超过了官方指导条例所建议的尺寸，要么是多层开敞式布局公寓。消防工程评估是基于两种已在真实火灾场景中被证实有用的设施：一个是加强型火警和火灾探测系统，另一个是住宅喷水灭火系统。这种经过实践证明的科学方法是在和建筑监管机构、伦敦消防与应急规划局（消防工程团队）和第三方监督机构进行一系列讨论后形成的。讨论中的每一个观点都使这个方法本身更加丰富，并为每个开敞式布局公寓的安全等级认证提供了更详细的背景。

另外，还借鉴了美国和英国的一些研究来证明其他一些方面，比如配有喷水灭火系统的公寓内部最大疏散距离的增加（NFPA 2015）；当同时配有喷水灭火系统和加强型探测系统时安全等级的提高（NHBC 2009）；厨房电器与逃生通道之间的距离（BSI 2011）；住宅喷水灭火系统的有效性（BRE 2005）。还有一些研究关注的是某个特殊方面，也包含了许多实验，比如对比研究有和没有喷水灭火系统的情况，或是火源房间的门关着还是开着的不同情况（NHBC 2009）。以上这些发表的研究的主要结论如下：

- 火灾情况下，能见度会迅速下降；
- 住房内除火源房间以外的其他区域的耐受条件（除能见度以外）的维持，一方面是靠火源房间的喷水灭火设施，另一方面需要火源房间房门紧闭；
- 若是火源房门没关，或是火源房间没有喷水灭火设施，则最终会导致整个住宅内的火势失控；
- 喷水灭火设施并不会改善能见度，但会极大改善对热量、辐射、有毒气体的耐受条件；
- 装有喷水灭火系统的住房，不会有人员在火灾中伤亡。

因此，用来验证那些有违官方指导条例的开敞式布局设计的消防工程评估，其核心主要是基于以上这些结论。不过，这一方法一直都在演进发展，以应对每个项目中的特定需求。对本文研究的这栋顶层公寓来说，主要的挑战源于其布局，包括尺寸、几何结构、楼层数、开敞式楼梯、连接 32 层和 33 层的空白区间。另外，由于顶层公寓的固有特性（即位于楼房顶层），要提供备用逃生手段就不得不改变房屋布局，也就不得不减少顶层公寓可出售的净面积。

图3, 图4 图5, 图6

图 3 顶层公寓 3D 几何结构
图 4 可用安全逃生时间（ASET）和所需安全逃生时间（RSET）的时间线对比。来源：PD 7974-6:2004
图 5 34 层 3D 几何结构
图 6 热释放率

3.3 所需安全逃生时间（RSET）

对人员完全撤离顶层公寓内所需的时间进行了分析。这一分析是基于对所有单个时间元素的识别和量化的，这些时间元素共同影响最终的逃生时间。这些元素包括：与消防安全系统相关的时间段（如探测到火情并发出警报的时间），住户采取行动前的时间（如意识到危险并作出反应的时间），以及实际撤离公寓所需的时间。

由于装有加强型火警和探测系统，所以对探测和警报时间的分析是在火灾最初阶段进行的，即着火后 30 s 左右。对住户行动前时间的分析考虑到了住户可能在熟睡的情况（则醒来的过程又要延长行动前时间），然后再加上住户意识到危险和作出反应的时间（BSI 2004）。一个人对种种火灾线索的感知、识别、组织和评估是一种心理和身体上的过程。因此，就行动前时间来说，个体之间是不同的。但即使对于同一个人来说，在不同外部条件下，行动前时间也会不同，比如以往经历、身体状况、对周围环境的熟悉度、在场的家人等（Bryan，2008）。在研究中这些因素都会被考虑，一般是通过给出平均行动前时间和一些百分比。消防工程评估中所提供的行动前时间考虑了所有这些参数，从而能涵盖更多种类的情形。最后，疏散行进时间的计算考虑了垂直方向和水平方向上行走速度的区别（大部分的逃生路线都要经过那两个开敞式楼梯），以及烟雾对行进速度的影响。

将探测与警报时间加上行动前时间再加上疏散行进时间，就确定了在厨房和起居室火灾情形下 RSET 的最大预估值。

3.4 可用安全逃生时间（ASET）

为了收集与 ASET 相关的信息，需要在 FDS 软件中建立顶层公寓的 3D 模型（图 5）。这样做的目的是在可接受的范围内、且不影响结果的前提下将设计方案进行一定程度的细节化反映。另外，所有输入的参数都必须详尽且进行归档。这其中包括对发生在厨房和起居室的火灾所设计的火灾情形：火灾位置、大小、单位面积的热释放率、火势增长率、喷水灭火设施对热释放率的影响等。

为模拟出现实中的住宅火灾，需要在 FDS 软件中阐明反应类型（哪种燃料会与空气混合）以及燃烧产物，如烟尘量（单位质量的燃料燃烧后产生的烟尘质量）或一氧化碳产生量。喷水灭火系统的详细信息（流量、触发温度）也必须明确。在 FDS 上创建的所有障碍物（墙、地板、天花板、家具）都设定了材料属性，从而能模拟它们与火之间的各种反应。另外还对房屋的玻璃装配设定了破裂温度，从而能为模拟情景提供足够的氧气来维持火势。

另外，模拟中还加入了烟雾探测器，从而来比较在这一场景中的探测时间与 RSET 分析计算出的时间。同时也是为了触

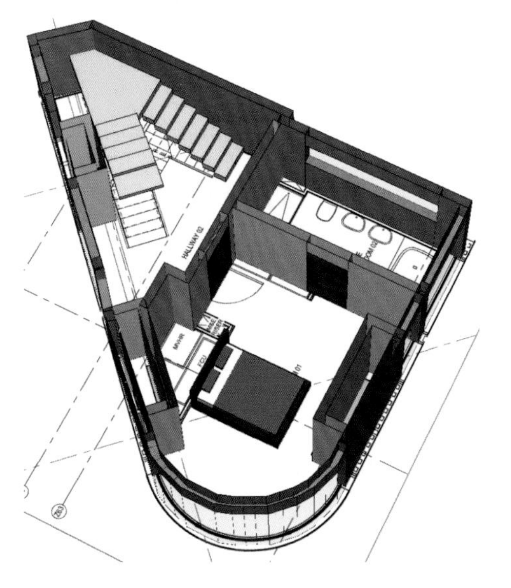

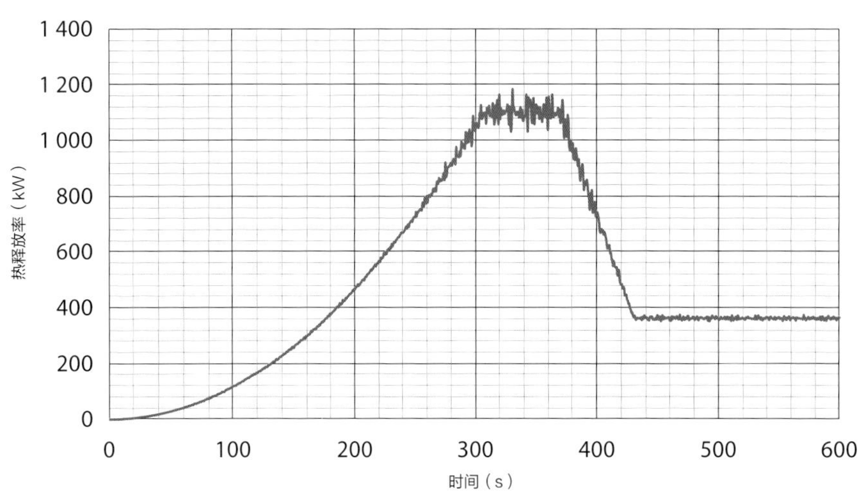

住户需要在 60℃的潮湿环境下暴露至少 30 min 才会受到肺部损伤。因此可以得出结论，在大约 2 min 时间内暴露在 60~80℃的火灾环境下不会妨碍或阻止住户的撤离。

发位于楼梯间天花板的 0.5 m² 的自动通风口，这个通风口在探测到烟雾时会自动打开。所有这些参数和假设都是超出正常预期值的，这都是为把安全系数考虑进去。

模拟包括了两种不同的火灾情形，一个由聚氨酯引起的起居室火灾和一个由油引起的厨房火灾，以代表不同大小、不同位置、具有不同属性的各种火灾。在与相关管辖机构（Authority Having Jurisdiction，AHJ）进行模拟之前，火灾情形、火灾属性、热释放率（图 6）、火灾位置都讨论和确认过了。最后，每个火灾情形都提供了大量的输出信息，从而能够确认 ASET 时间。这些信息包括能见度、温度、速度，以及位于逃生路线中的设备所测量到的辐射热通量、能见度、温度和有效剂量分数（Fractional Effective Dose，FED，用来评估空气的毒性）。

4 消防工程评估结果

所有在模拟过程中收集的输出数据都是基于模拟前与相关管辖机构（AHJ）商定的耐受标准而进行评估的。数据内容涵盖：根据暴露时间的不同，可能使肺部和咽部产生灼烧感的环境温度；会造成皮肤严重疼痛的辐射水平；无论年龄和健康状况，导致住户失去行为能力的有效剂量分数（FED）。逃生过程中的能见度条件是根据 PD 7974 建议的标准进行评估的，尽管笔者认为能见度并没有在住户逃生能力中起关键作用，但是作为一个完整的确定性研究的一部分，能见度也应该被评估（图 7）。

结果表明，FED 和辐射热通量的耐受标准并未被打破（图 8）。在起居室火灾的模拟中，温度的耐受标准被打破。若假设最糟的情形，起居室的火灾位置在 32 层和 33 层间的空白区间下（高度约 5.5 m），那么火势会不断增强直至达到 1 MW（相当一推车堆得很高的、装满衣物和其他代表性材料的行李箱起火）(Mayfield，Hopkin，2011)，之后在喷水灭火系统触发后开始减弱。在火灾一开始（喷水灭火系统触发之前）约 130 s 的时间里，32 层和 33 层这两层整个区域的温度都打破了耐受标准（60℃）（图 9）。

为提供一个安全系数，耐受标准在超出某一设定值 1 s 以后就假定会被打破。就温度来说，PD7974-6 标准说明了住户需要在 60℃的潮湿环境下暴露至少 30 min 才会受到肺部损伤。因此可以得出结论，在大约 2 min 时间内暴露在 60~80℃的火灾环境下不会妨碍或阻止住户的撤离。

由于火灾规模较大，产生了大量烟雾，但顶层公寓自身的巨大体积并没有产生抵消效果。所以能见度迅速降到 10 m 以下，然后是 5 m，再之后稳定在 1.5 m 左右，直到模拟结束，这其中只有局部区域能见度较好。

研究表明，当能见度变低时，住户通常会转身往回跑（Bryan 2008）。但同时结论也表明，由于住户对周围环境和顶层公寓结构熟悉，他们仍然能够逃出公寓（墙壁相当于提供了路标，让住户能够根据墙的走势找到逃生口）。而且，尽管低能见度会妨碍撤离，但它并不像温度、辐射热通量或 FED 那样会威胁住户生命安全。事实上，逃生过程中的低能见度并不会导致肺部灼烧感、不省人事、脑部抑郁或皮肤烧伤等情形。结果还表明，位于楼梯间天花板的自动开启通风口（探测到烟雾时会触发）除了让烟雾排出外，并不会在改善能见度上发挥关键作用。

5 审批流程

由于这种顶层公寓类型在伦敦还是首次出现，所以需要一套独特的审批流程。整个小区的开发建设，包括公寓内部布局和顶层公寓设计，都要经其所属管辖机构 Lewisham Building Control 的审批。由于这栋五

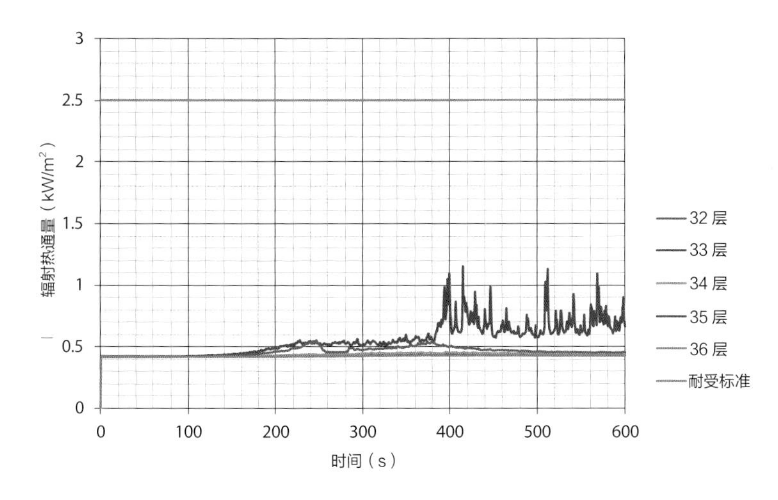

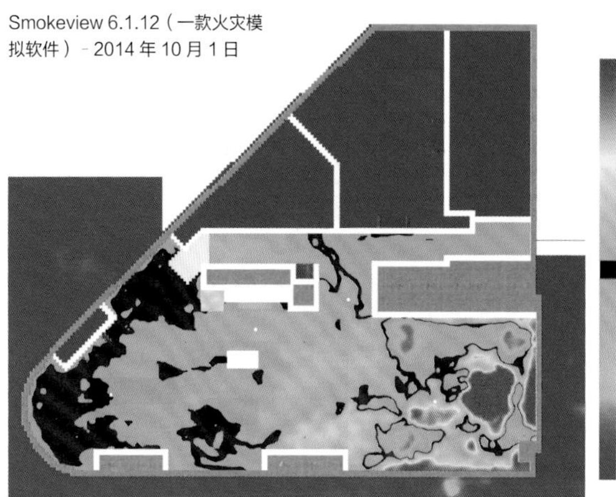

层顶层公寓的消防安全策略是根据 PD 7974-0:2002（BSI 2002）的消防工程原则来设计的，所以最后决定需要一个独立的第三方审核人来协助 Lewisham Building Control 进行审核。

审核流程的初期就联系了第三方（Beryl Menzies & Partners）。相关管辖机构、第三方审核人和设计团队进行了初次会面，介绍了待审核阁楼及其特征、建筑师愿景、遇到的挑战以及消防工程评估提案，并讨论了一种评估方法。此次会议后形成了一份外部备忘录，描述了总体的消防工程评估方案，重点强调了所有的设想、输入参数、耐受标准、火灾情形、火灾位置等。该备忘录作为“定性设计审核”（Qualitative Design Review）的一部分送至相关管辖部门审核（BSI 2002）。

在有关评估方案和输入参数方面获得一致意见后，初步火灾模拟和计算工作便开始启动了。与所属管辖部门的另一次会议呈现、审核并讨论了这些初步结果。这就确保了各方都能够参与进来，并在必要的时候对设计进行修改。

基于这些讨论又产生了更多的消防安全措施。例如，在楼梯间顶部安装一个更大的自动开启通风口，对室内照明系统升级，从而在需要的情况下可以作为应急照明。更多的场景设置和进一步模拟也获得一致通过并得到实施。这些都呈现在最终报告中并用于审批流程。

审批流程是开放而透明的，在最初阶段，相关管辖机构和第三方审核机构就参与了进来。硕果累累的讨论确保了相关各方能一直参与到审批过程中来，与此同时依然能对设计方案进行修改。这极大地坚定了设计团队的信心。笔者也鼓励其他设计团队能够采用类似的方法，对独特而杰出的建筑项目不要拘泥于标准建筑规则。

6 结论

位于 Lexicon 楼顶部的这栋五层开敞式顶层公寓将成为一座独一无二的公寓，在这个地标性高楼上可以俯瞰伦敦。它是客户、建筑师和设计团队共同协作的成果，他们被赋予了更大的设计自由，让公寓中有更多的可发挥空间。顶层公寓的设计还经历了与法定监管机构的讨论，以及通过相互让步来达到各方满意但又完全满足安全要求的一致意见，而这一切同时都是在不断挑战建筑的极限。■

图7 | 图8, 图9

图 7 243 s 时顶层公寓上部楼层的能见度。蓝色表示能见度好（10 m），红色表示能见度差（0 m）

图 8 在通过逃生通道阶段因烟雾产生的辐射热通量

图 9 33 层在喷水灭火系统触发后不久的温度。红色表示高温（100℃及以上），蓝色表示低温（20~35℃）

参考文献

British Standards Institution (BSI). 2002. PD 7974-0: Application of Fire Safety Engineering Principles to the Design of Buildings—Part 0: Guide to Design Framework and Fire Safety Engineering Procedures[S]. London: BSI.

British Standards Institution (BSI). 2004. PD 7974-6: The Application of Fire Safety Engineering Principles to Fire Safety Design of Buildings— Part 6: Human Factors: Life Safety Strategies - Occupant Evacuation, Behaviour and Condition[S]. London: BSI.

British Standards Institution (BSI). 2011. BS 9991: Fire Safety in the Design, Management and Use of Residential Buildings - Code of Practice. London[S]: BSI.

BRYAN J L. 2008. "Behavioral Response to Fire and Smoke[M]// Handbook of Fire Protection Engineering, Fourth Edition. National Fire Protection Association (NFPA): 3, 220–354.

Building Research Establishment (BRE). 2005. BRE Project Report 204505: Effectiveness of Sprinklers in Residential Premises[M]. Watford: BRE Press.

Department for Communities and Local Government (DCLG). 2013. Approved Document B: Fire Safety — Volume 2: Buildings Other Than Dwellinghouses[S]. Newcastle upon Tyne: NBS.

Department for Communities and Local Government (DCLG). 2012. Fire Statistics. Great Britain, 2011 to 2012[R]. London: DCLG.

Mayfield C, Hopkin D. 2011. Design Fires for Use in Fire Safety Engineering[M]. Watford: BRE Press.

National Fire Protection Association (NFPA). 2015. NFPA 101: Life Safety Code[S]. Quincy: NFPA.

National House Building Council (NHBC). 2009. Open Plan Flat Layouts — Assessing Life Safety in the Event of Fire[R]. Amersham: NHBC Foundation.

National Institute of Science and Technology (NIST). Fire Dynamics Simulator (FDS) and Smokeview (SMV)[EB. OL]. https://code.google.com/p/fds-smv/.

The Guardian . 2014. Strictly for the Super-rich: the World's Most Expensive Penthouse[EB. OL]. Accessed September30, 2014. http://www.theguardian.com/artanddesign/architecture-design-blog/2014/sep/30/strictly-super-rich-monaco-most-expensive-penthouseodeon-tower.

The Huffington Post. 2014. World's Most Expensive Flat, in London's One Hyde Park, Sold for £140m[EB. OL]. Accessed May 2, 2014. http://www.huffingtonpost.co.uk/2014/05/02/one-hyde-park-worlds-most-expensive-140m_n_5251739. html.

伊斯坦布尔：高层建筑对一座历史悠久而又现代化的都市的影响

文 / Ayşin Sev　Bahar Başarir

高层建筑从多方面对城市和大都市区产生重大影响，对拥有大量历史文化遗产的城市来说尤为如此，比如伊斯坦布尔。很多这样的高楼可被看作是标志性建筑，它们应用了最前沿的科技，展示了一座城市和一个国家的经济实力。这篇文章以伊斯坦布尔为例，讨论了高层建筑的角色和它们对居民生活的影响，以及在历史名城中推动高楼数量不断增加的动力，尽管在都市环境中建造高层建筑的必要性一直引来无数争论。

作者简介

Ayşin Sev

Bahar Başarir

Ayşin Sev

Ayşin Sev 博士于 1994 年获得希南大学建筑学士学位，随后在 1997 年获硕士学位，2001 年获博士学位。她在母校教授建筑物和可持续建筑相关课程。她的博士论文《从建筑学角度分析土耳其和外国的高层建筑》(The Analysis of Tall Buildings in Turkey and Abroad from Architectural Points of View) 对土耳其建筑领域的专业人士和学生来说都是一项成功的研究工作。她在 2000 年与其导师合作完成了她研究高层建筑的第一本书，在 2009 年完成了另一本有关可持续建筑的书。她的最新作品是《高层建筑设计和技术创新》(*Innovations in Tall Building Design and Techonology*)。她主要研究高层建筑和可持续高楼的历史和建造技术。

Bahar Başarir

Bahar Başarir 是伊斯坦布尔技术大学建设科学项目的博士生。在此之前在希南大学获得建筑学学士学位和建筑科技硕士学位。她曾是 Atelier T Architecture 建筑设计事务所设计团队的一员，负责设计高层建筑群和酒店项目。目前她是希南大学建筑学院建筑科技系的一名研究助理，其研究领域包括高层建筑、建筑立面、节能改造、可持续建筑和建设工程。

Ayşin Sev，副教授
Bahar Başarir，研究助理
希南大学 (Mimar Sinan Fine Arts University)
建筑学院建筑科学系
土耳其伊斯坦布尔 34427
Tel：+90 212 252 1600
e：aysin.sev@msgsu.edu.tr
bahar.basarir@msgsu.edu.tr
www2.msgsu.edu.tr

1　简介

在建造高楼的雄心背后，是摩天大楼的象征性和标志性价值，这与国家的财富和实力紧密相关。高层建筑无疑是一座城市的重要标志。尽管高楼可能会对城市环境带来一些问题，但全世界发展中城市都热衷于在世界舞台上一较高下，试图造出世界上最高、最具标志性的摩天大楼。作为经济活动的象征，高层建筑通常被看作是经济和政治实力的信号灯（Kostoff，2001），同时它们还非常容易抓住大众的想象力（Höweler，2003）。不论高楼本身有怎样的功能，它们都难以被忽略（Abel，2003）。一个城市若要兴建新的大规模建筑，就会对现有城市环境形成干预，进而改变早已存在的城市条件。

伊斯坦布尔拥有一条传统的天际线，而在过去几十年里，大量的高楼大厦拔地而起，不论它们是否建在核心历史城区，这些高楼对作为伊斯坦布尔城市特色的天际线产生了巨大的影响（图 1）。遗憾的是，最近几年建起的许多高楼，尤其是建在博斯普鲁斯海峡地区的高楼，并未与伊斯坦布尔原有的轮廓相协调。尽管这些高楼离核心历史区还有一段距离，但由于这座城市地形的特殊性，一些高层建筑给伊斯坦布尔的历史轮廓带来了消极影响。本文的目的是讨论高层建筑对伊斯坦布尔的历史文化遗产建筑和历史天际线带来的影响，并呈现了这座城市的历史轮廓是如何随着时间而变化的。另外，本文也会探讨促成高层建筑建造的区域条件和这些建筑对市民和基础设施的影响。

2　伊斯坦布尔的独特环境

伊斯坦布尔位于土耳其西北部的马尔马拉地区，是一座拥有地中海气候的高度发达的城市。伊斯坦布尔属于丘陵地形，有若干高峰。连接马尔马拉海和黑海的博斯普鲁斯海峡把这座城市分为欧亚两部

分，使它成为世界上唯一一座横跨两个大陆的城市。位于欧洲部分的城区又被金角湾（Golden Horn）一分为二，这一港湾沿着巴尔干半岛，是曾经的拜占庭和君士坦丁堡的所在地。

这座城市一直保持着很高的人口增长率。1950 年，其人口总量为 1 116 477。在 1980—2010 年的 30 年间，市民人口几乎增至原来的 3 倍，目前人口总数为 14 377 018，城市占地面积为 5 343 km^2（Tuik 2014）。年人口增长率目前为 1.55%~2%，主要是由于来自土耳其农村地区的人口迁入。目前的人口密度为 2 767 人 /km^2，远超过土耳其总人口密度 101 人 /km^2。

2.1 伊斯坦布尔天际线的发展

因伊斯坦布尔在博斯普鲁斯半岛的战略性位置，两千多年来，它一直与重大政治、宗教、艺术等事件紧密相连。这座城市曾经陆续作为东罗马帝国、拜占庭帝国和奥斯曼土耳其帝国的首都。伊斯坦布尔所具有的显著而普世的价值是基于它以独特的方式融合了大量的建筑杰作，反映了多个世纪以来欧亚文化在这里的碰撞与融合。而这些都体现在拜占庭和奥斯曼时期的建筑所形成的恢弘的历史天际线。这一天际线经过多个世纪才逐渐形成，当中包含了圣索菲亚大教堂（Hagia Sophia）（体现了公元 6 世纪的建筑与装饰的精湛技艺）、法提赫清真寺（Fatih Mosque）建筑群、托普卡帕宫（Topkapi Palace）、苏莱曼清真寺（Süleymaniye Mosque）建筑群、赛扎德清真寺（Sehzade Mosque）（反映了 16 世纪奥斯曼建筑的顶峰），蓝色清真寺（Blue Mosque）和新清真寺（New Mosque）的细长塔尖则是于 17 世纪完工的（图 2）。

伊斯坦布尔在 20 世纪形成的关于现代化与高速城市化的的态度，构成了本土的主流建筑风格的历史根源。随着 1923 年土耳其共和国的建立和行政机构向安卡

图 1　由现代高层建筑塑造的伊斯坦布尔天际线
图 2　由清真寺塔尖和穹顶塑造的历史天际线
© Salih K.

拉的转移，伊斯坦布尔在一段时间内失去了原有的重要地位，人口在 1923 年下降至 650 000，是 1914 年人口的一半。因此，政府被迫开始重新思考伊斯坦布尔的城市规划。曾在 1928—1939 年负责过巴黎区域规划的法国建筑师和城市规划师 Leon Hénri Prost（1874–1959）被委托负责伊斯坦布尔总体规划（1936—1958）。Prost 的规划方法是建造宽阔的马路和林荫大道，毁掉原有的城市结构，因为他认为这些结构已经与一个现代国家不再相称。新的住宅街区的建设开始于城市重塑阶段，这也在建筑层次和组织上创造出了区分度（Tekeli，2010）。很快，在初期肆意发展的城市化和因工业化而造成的污染危及了老城中心的历史文化遗产。

2.2 伊斯坦布尔高层建筑的建设

正如世界上许多高速发展的城市一样，伊斯坦布尔也经历着高层建筑的加速发展。高层建筑的兴建在 20 世纪 50 年代被列入城市发展议程。对于伊斯坦布尔的第一波高楼建设来说，一个严重的阻碍就是地震活跃度——该城正位于北安纳托利亚断层。除了这一障碍以外，20 世纪 50 年代开始的人口高速增长也是刺激伊斯坦布尔高楼建设的重要因素。表 1 显示了这座城市的高人口增长率。在 20 世纪下半叶，伊斯坦布尔在社会文化和政治上的重要性有所提升，它的经济在不断发展，而许多机构在规模、环境和外观上也发生了变化。那些反映科技进步和所在时期主流建筑风格的楼群让这座城市获得了全新的景观和形象（Batur，1996）。都市发展的一些新形式，如公寓产权和住房合作机构，也使城市向新的区域扩张。从 20 世纪 50 年代初到 70 年代中期，土耳其兴建了许多平均高达 25 层的高层酒店和写字楼（Usta，Usta，1995）。伊斯坦布尔在 70 年代初期也见证了少量低于 20 层的高楼的建成，包括 17 层高的 Marmara Etap 酒店，21 层高的 Odakule 办公楼，以及 17 层

表 1　伊斯坦布尔和土耳其的人口增长

年份	伊斯坦布尔人口	土耳其人口	伊斯坦布尔占土耳其总人口比例（%）
1950	1 116 477	20 947 188	5.33
1955	1 533 822	24 064 763	6.37
1960	1 822 092	27 754 820	6.57
1965	2 293 823	31 391 421	7.31
1970	3 019 032	35 605 176	8.48
1975	3 904 588	40 347 719	9.68
1980	4 741 890	44 736 957	10.60
1985	5 842 985	50 664 458	11.53
1990	7 309 190	56 473 035	12.94
2000	10 018 735	67 803 927	14.78
2010	12 782 960	73 722 988	17.98
2014	14 377 018	77 695 904	18.50

来源：Turkish Statistical Institute, 2015.

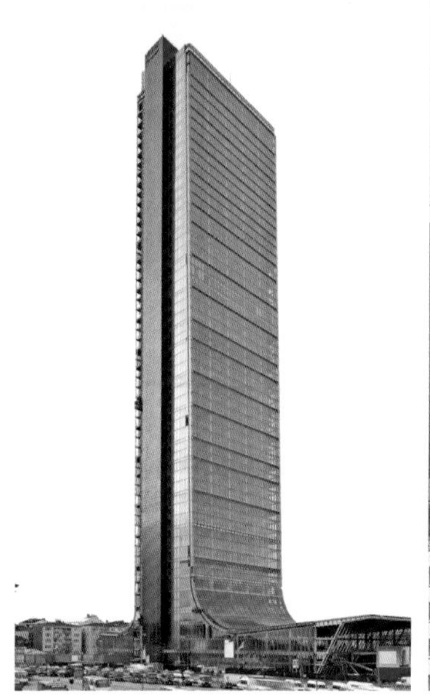

表 2　伊斯坦布尔建成或在建的前十座最高建筑

排名	建筑名称	完成年份	高度（m）	功能
1	Skyland 写字楼（Skyland Office Tower）	2016	284	办公
2	Skyland 住宅楼（Skyland Residential Tower）	2016	284	住宅
3	蓝宝石大厦（Sapphire Tower）	2010	261	住宅
4	大都会塔（Metropol Tower Istanbul）	2016	250	多用
5	马斯拉克 Spine 大厦（Maslak Spine Tower）	2014	202	多用
6	Anthill 住宅楼 1 号（Anthill Residence 1）	2010	195	住宅
7	Anthill 住宅楼 2 号（Anthill Residence 2）	2011	195	住宅
8	Varyap Meridian A 栋（Varyap Meridian A Block）	2012	188	住宅
9	复兴大厦（Renaissance Tower）	2014	186	办公
10	土耳其实业银行大厦（IS Bankasi Tower）	2000	181	办公

来源：The Skyscraper Center, 2015.

高的 Karayollari 总部大楼。

在七八十年代晚期，20 层以上的高层建筑的数量不断增长。城市的商业区逐渐从第一个商区 Eminönü 向 Besiktas、Zincirlikuyu 和 Maslak 区转移，同时还开发了一些新的城市中心，汇集了许多跨国企业。新的项目和需求不断推动建筑业的改变。在 20 个世纪 80 年代初，土耳其政府中的军事势力影响了伊斯坦布尔的象征力量。建筑行业争相获得政府机构大楼的建设项目。然而在 80 年代的后半段，土耳其受到新自由主义经济体系的影响，随之也产生了一些社会影响和现实效应。高楼大厦的身影随后也出现在历史老城区的轮廓中，但幸运的是，老城区的特点还一直保持至今，尽管除了宗教建筑以外，这些地方并没有什么宏伟的建筑（Caglar，Uludag，1995）。这一时期在新商业区竖立起来的最值得关注的高层建筑有：Yapi Kredi Plaza（其 3 栋高楼分别为 22、23、24 层）；22 层高的 Spring Giz Plaza；

图 3　蓝宝石大厦（Sapphire Tower）（2010）© Murat Germen
图 4　Selenium 双子塔（2010）© Igor Butyrskii
图 5　大都会千禧塔（Metro City Millennium）（2000）
图 6　Sisli 精品住宅楼（2000）© Igor Butyrskii
图 7　马斯拉克 Spine 大厦（2014）© Iki Design Group
图 8　Varyap Meridian 住宅楼 A 栋（2012）© Varyap
图 9　复兴大厦（2014）© Glass & Sabah
图 10　从博斯普鲁斯海峡和马尔马拉海交汇处远眺伊斯坦布尔历史悠久的半岛全景图 © Ben Morlok

「伊斯坦布尔作为土耳其在高层建筑上的领先者，本身已经是一座伟大的历史文化名城，它享有得天独厚的地形特征，让城市的天际线更趋完美（Sev，2000b）。20 世纪末和 21 世纪初，这座城市的高层建筑数量不断增加，也很快改变了城市天际线。」

25 层高的 Nova Baran 商业中心；18 层高的瑞士酒店（Swiss Hotel）和 33 层高的伊斯坦布尔 Princess 酒店。

到了 20 世纪 90 年代，建筑师开始探索高层建筑的新形式，开始运用后现代主义风格。于是城市里逐渐开始出现新颖、随意的外观形式。设计师们并不局限于某一特定风格，而是转向关注环境、情感、历史和文化背景，以及没有被明确定义的新的美学特质。在同一时期，对建筑纪念性与象征性意义的关注遇上了先进技术和不断改善的细节设计，这些因素都体现在土耳其的高层建筑上。这一时期最优秀的一些建筑大多都是商业楼，包括：土耳其实业银行（IS Bankasi）总部大楼（有 2 栋 27 层和 1 栋 52 层的高楼），34 层高的 Suzer Plaza 和 34 层高的伊斯坦布尔 Tat 双子塔。

21 世纪伊始，伊斯坦布尔就迅速耸立起许多高层住宅和多功能综合楼盘，后者将住宅和零售功能集于一体。这些项目背后的驱动力是那些在新兴中央商务区（Central Business Districts，CBD）（如 Maslak, Kozyatagı, Atasehir 区）工作的市民对高档住宅空间的需求。

Kozyatagi 和 Atasehir 这两个区是相对较新的商务区，位于城市的亚洲大陆部分，是在 20 世纪 90 年代后随着城市经济财富的增长而逐渐开发的。表 2 列出了伊斯坦布尔最高的前十座建筑。根据世界高层建筑与都市人居学会（CTBUH）的数据（The Skyscraper Center，2015），伊斯坦布尔目前有 43 座高于 150 m 的建筑，其中 33 座已完工，10 座在建。这些建筑中，56% 为住宅楼，21% 为多功能综合楼，剩下的是写字楼和酒店。伊斯坦布尔乃至土耳其范围内已建成的最高建筑为蓝宝石大厦（Sapphire Tower），有 55 层，高 261m，于 2010 年完工。伊斯坦布尔在过去 10 年建成的高楼中，最有名和最具标志性的有：Selenium 双子塔（Selenium Twins）(2010)，大都会千禧塔（Metro City Millennium）（2000），Sisli 精品住宅楼（2000），马斯拉克 Spine 大厦（2014），Varyap Meridian 住宅楼 A 栋（2012）和复兴大厦（2014）。

2.3 高层建筑对伊斯坦布尔的影响

伊斯坦布尔作为土耳其在高层建筑上的领先者，本身已经是一座伟大的历史文化名城，它享有得天独厚的地形特征，让城市的天际线更趋完美（Sev，2000b）。20 世纪末和 21 世纪初，这座城市的高层建筑数量不断增加，也很快改变了城市天际线。尽管这些高楼不是位于城市的历史文化核心区，但都对天际线产生了影响，极大地改变了博斯普鲁斯海峡沿岸的轮廓，部分原因是城市本身的地形，因为地形反过来又突出了高层建筑的高度（图 10）。这种情况最典型的例子就是建于马尔马拉海岸附近的 Zeytinburnu 区的 Onalti Dokuz 住宅区，包括 3 栋分别为 37 层、32 层和 27 层的高层住宅楼（图 11）。Onalti Dokuz 住宅区从 Süleymaniye 清真寺塔尖后面拔地而起，破坏了原本从博斯普鲁斯海峡远眺这座清真寺时所能看到的标志性全景轮

廓。土耳其最高行政法院坚持以一项裁决强令拆除这一块建筑，但这项裁决还未得到执行（Hurriyet Daily News，2014）。

改变和留存之间的平衡是历史文化名城都需要面临的敏感问题。联合国教科文组织在过去 10 年里已经警告过土耳其政府关于大规模建筑项目对其城市历史轮廓的影响。承载着无数历史文化遗产的半岛很有可能从世界遗产名录中被移除，除非土耳其立即开始采取措施保护伊斯坦布尔的城市轮廓。

目前，伊斯坦布尔对城市天际线的政策立场主要是一些限制性政策，并没有详细阐明什么才是理想的情况。土耳其共和国总理埃尔多安已下令让相关部门保护伊斯坦布尔的历史天际线，而且发布了指令让伊斯坦布尔各行政区制定计划来保护历史天际线，即便如此，仍然不断有新的高层建筑在有着几百年历史的清真寺和塔尖后面赫然耸现。为了保护城市天际线，可以在必要时拆除已有的高楼。

一项管理计划目前正在酝酿中，目的是解决交通运输、城市重建和旅游管理等问题，提供一个合适的框架来确保建筑和基础设施项目的设计和施工都要尊重伊斯坦布尔显著而普世的价值。

另一方面，来自国外的需求也是现代都市兴建高层建筑的一个重要原因（图 12）。尽管伊斯坦布尔面临着一些严峻的挑战，如某些社区的交通拥堵和污染问题，城市基础设施一直在尽力跟上不断增长的人口。高档住宅的买家会被相对合适的价格吸引，因而会有大批来自中东和欧洲的买主。在蓝宝石大厦里，约 40% 的住户来自国外，他们都是被这座楼的视野和生活设施所吸引。根据最新的 Knight Frank 全球房价指数，土耳其高端房产的均价在 2013 年第一季度到 2014 年第一季度之间上涨了 13.8%，使其成为全球表现最好的房产市场之一（Bloomfield，2004）。

政府政策一直是高层建筑繁荣的一个重要驱动力。在当前正义与发展党（Adalet ve Kalkinma Partisi，AKP）的执政下，伊斯坦布尔以及全国的高楼项目出现激增，因为该党制定了一项城市转型政策（Hurriyet Daily News，2014）。政府为了确保经济发展，将建筑行业的发展视为重点。境内迁移人数的增长是形成这一经济重点的一个主要因素。根据国际商业观察（Business Monitor International）对土耳其建筑业规模的估计，建筑行业将会从 2011 年的 193 亿美元增长到 2020 年的 484 亿美元（Sak，2011）。该行业 2011—2020 年的实际年平均增长率预计在 6% 左右（Sak，2011）。许多现代高层建筑，如蓝宝石大厦、复兴大厦、马斯拉克 Spine 大厦，都是全国一些大型企业的投资项目，而且因为这些项目在国家经济发展中起到重要作用而受到支持。

如伊斯坦布尔一样，发达国家的许多人口密集、城市面积庞大的都市也面临着经济社会问题。城市化的飞速发展，城市人口密度的激增，加上地价飞涨，都是经济、社会问题背后的主要原因，也是发展中国家许多正在成长中的城市建造高层建筑的动力。尽管伊斯坦布尔高楼的兴建正进行得如火如荼，遗憾的是这里的基础设施还不足以应对建筑业的繁荣，如交通运输系统的不足、卫生系统规模过小等。

从城市居民的角度来看，高层建筑就像封闭社区一样，大门紧闭，与城市其他部分隔离，象征着资本权力。在现有社会经济体制下，这种想法通常会造成不健康、不稳定的社会状况。根据 2007 年对 300 位居民的调查，80% 的人认为传统建筑更加独特、更具文化代表性，且能更好地为经济提供支持；28% 的人不希望住在高楼里；而 22% 的人表示很可能会住进高楼（Unlu 等，2007）。

3 高层建筑的悖论

21 世纪初，许多像伊斯坦布尔这样

图 11 Süleymaniye 清真寺塔尖背后耸立的 Onalti Dokuz 建筑群
来源：Avrupa Gazzette
图 12 过去 10 年伊斯坦布尔建成的现代高层建筑
© A. Esra Yenerkol

承载着无数历史文化遗产的半岛很有可能从世界遗产名录中被移除，除非土耳其立即开始行动来保护伊斯坦布尔的城市轮廓。

的发展中国家大都会，都面临着高层标志性建筑的快速增加。尽管直到20世纪90年代末一直都是商业大楼定义着伊斯坦布尔的天际线，但进入21世纪以来，住宅楼和综合性建筑势头见涨。21世纪开始时，第一波建筑项目的成功使得许多房地产投资者开始开发综合性高楼。在伊斯坦布尔的情况中，这些建筑能满足很多功用，创造出一条特别的天际线，为城市塑造一种新形象。它们形成了重要地标，构成了具有特定功能的高层建筑群，展示了不断上升的经济地位，为人口密度和交通便捷度的同时最大化开创了先河。但很多时候，所需的基础设施建设并未与这些高楼的发展同步，这也一直为贬低那些缺乏调研的评论提供了理由。

在这个地震较为活跃的城市，在这些享有盛誉的高楼中工作和生活的人们会感到安全，因为他们知道这些高楼的设计和建造都采用了最先进的技术。然而，一部分民众反对这些高楼，理由是它们在自然通风和采光上存在问题，并且电梯数量不足。高层建筑还经常被认为导致了更严重的交通堵塞和停车问题，让还没准备好迎接挑战的原有基础设施备受压力。

对于一部分民众来说，在高层建筑中生活或工作是一件荣幸的事。因为高楼大厦经常被认为是经济社会发达的标志。然而很显然的是，随着越来越多人住进更高的楼房，研究就需要超越物理和工程上的考虑，而更多地关注可居住性。高层建筑对建筑环境和对市民的影响需要得到同等重视。■

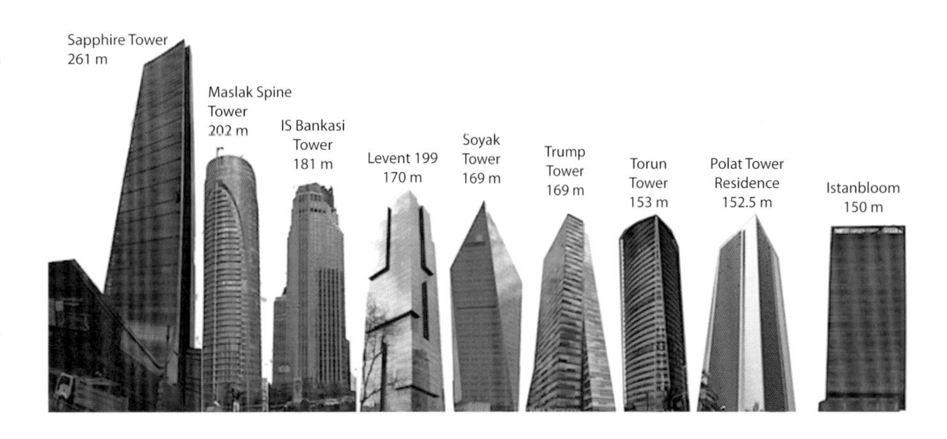

参考文献

Abel C. 2003. Sky High: Vertical Architecture[M]. London: Royal Academy of Arts.

Batur A. 1996. Dünya Kenti İstanbul. Istanbul - World City[M]. Istanbul: The Economic and Social History Foundation of Turkey.

Bloomfield R. 2014. Buying a Luxury Home in Booming Istanbul[EB. OL]." Accessed February 8, 2015. http://www.wsj.com/articles/buying-a-luxury-home-in-boomingistanbul-1406243652.

Caglar N, Uludag Z. 1995. Atria: Architectural Expression of Public Responsiveness in the High-Rise[C] // Habitat and the High-Rise: Proceeding of CTBUH Fifth World Congress on Habitat and the High-Rise, Amsterdam, May 14–19. Bethlehem: Council on Tall Buildings and Urban Habitat: 35–63.

Gonçalves J C S. 2010. The Environmental Performance of Tall Buildings[M]. London: Earthscan.

Höweler E. 2003. Skyscraper: Vertical Now[M]. Italy: Universe Publishing.

Hurriyet Daily News. 2014. Top Court Approves Destruction of Istanbul's Silhouette-Spoiling Skyscrapers[EB. OL]. Accessed on December 3, 2014. http://www.hurriyetdailynews.com/top-court-approves-destruction-ofistanbuls-silhouette-spoiling-skyscrapers.aspx?pageID=238&nID=70670&NewsCatID=341.

Kostoff, S. 2001. The City Shaped: Urban Patterns and Meanings through History[M]. London: Thames and Hudson.

Landau S, Willis C. 1996. Rise of the New York Skyscraper[M]. New Haven: Yale University Press: 1865–1913.

Sak G. 2011. Ekonomide Gelecege Bakis ve Insaat Sektörü[J]. TMB Gundem, 2011(11): 26–29.

Sev A. 2000a. Typology for the Aesthetics and Top Design of Tall Buildings[J]. Gazi University Journal of Science, 22(4): 371–381.

Sev A. 2000b. Impact of Tall Buildings on a City's Skyline with a Special Reference to Istanbul[C] // Proceedings of the Second International Conference on Decision Making in Urban and Civil Engineering. Lyon, November 20–22: 945–956.

THE Skyscraper Center. 2015. Istanbul, Turkey[EB. OL]. Accessed on July 22, 2015. http://www.skyscrapercenter.com/city/istanbul.

Tekeli D. 2010. The Story of Istanbul's Modernization[J]. Architectural Design, 80 (1): 32–39.

Timeturk. 2013. "İstanbul İçin Silüet Barışı[EB. OL]. Accessed on February 21, 2015. http://www.timeturk.com/tr/2013/04/23/istanbul-icin-siluet-barisi.html#.VQJdqUAcSDY.

Turkish Statistical Institute. 2015. Temel Istatistikler[EB. OL]. Accessed on February 21, 2015. http://www.tuik.gov.tr/UstMenu.do?metod=temelist.

Unlu A, Hirate K, Jun M. 2008. Oppressive Impact of High Rise Office Buildings on Inhabitants through an Istanbul Case[C] // Tall & Green: Typology for a Sustainable Urban Future: Proceedings of CTBUH 8th World Congress. Dubai, March 3–5.

Usta, A, Usta G K. 1995. Effects of Site Selection and Aesthetic Characteristics[C] // Habitat and the High-Rise: Proceeding of CTBUH Fifth World Congress on Habitat and the High-Rise, Amsterdam, May 14–19. Bethlehem: Council on Tall Buildings and Urban Habitat: 61–69.

Watts S, Kalita, N, Maclean M. 2007. The Economics of Supertall Towers[J]. Structural Design of Tall and Special Buildings, 16 (4): 457–470.

气生植物的“飞行手册”

文 / Lloyd Godman　Stuart Jones　Grant Harris

地球的绿色外衣正在逐渐磨损。可悲的是，由于过度使用，我们赖以生存的这件外衣正在逐渐损耗殆尽。建筑和城市基础设施（如道路和停车场）已成为这个星球生机勃勃的画像中的"死亡像素"。为修复这件破旧的衣服，可以在城市结构中融入植物元素，这是一项重要的解决措施，也是这个修复工程的主要方面。这篇文章描述了在墨尔本地标性建筑 Eureka 塔楼外部成功融入植物元素的案例（图 1），该项目为选择性垂直花园系统提供了一个范例，该系统具有高度的环境可持续发展因素（Environmentally Sustainable Development，ESD），并且还不需要植物生长培养基。

1　垂直花园的重要性

植物从简单的生物体，经过千百万年的进化成为复杂的生物系统。植物的天性便是将这个星球覆盖上一层生机勃勃的绿色外衣，并养育其他生命。自奥陶纪时期（4.95 亿年前）起，植物便在其覆盖地质表面的斗争中逐渐落于下风。在如今这个以人类为中心的时代，人类的行为成为物种生存或灭绝的主要决定因素。如今，城市以指数速度增长，促使我们要进行规划并采取行动，以将城市中心融入地球生物圈。高层建筑和其他城市基础设施所覆盖的面积，能够为植物生长提供广阔的空间，为这个星球重新编织绿色的外衣。

将植物融入建筑环境可以提高空气质量，缓和温度（Saadatian 等，2013），改善人类生存环境，提升精神质量（Townsend，Weerasuriya，2010），并且能为其他物种提供生存空间（Oberndorfer 等，2007）。法国于 2015 年 3 月通过了一项法律，要求位于商业区的建筑物屋顶必须部分覆盖植物或太阳能电池板。这项法律设定了一个衡量建筑质量的标准，即建筑物需要将充满生机的绿色纹理与结构的外表有机结合。近年来，各种创意和实验都促进了屋顶和垂直花园的发展。如今我们看到，如果建筑不与大自然相结合，城市的高层建筑将无法与时俱进，或许会迅速成为历史。

2　垂直花园系统

利用活体植物作为建筑表面面临着许多问题。不像了无生气的金属、玻璃和混凝土，鲜活的植物需要养育栽培。维护费用的增长（Zhang 等，2012）、对外表的损坏以及对结构系统荷载的增加（Wood 等，2014）等都是建造绿色屋顶和墙体的障碍。Zhang 为“集中”和“广阔”的绿色屋顶系统下了一个简明的定义。

“集中”绿色屋顶系统的特点是在屋顶深度（超过 15 cm）种植各种各样的植物，维护要求较高。在很多情况下，“集中”绿色屋顶正逐渐被“广阔”绿色屋顶所取代，“广阔”绿色屋顶的种植更加轻薄（这样结构要求也少一些），虽然能够选择种植的植物种类较少，但却更有潜力，也更加实际。

根据 Zhang 对绿色屋顶的定义和分类，笔者提出两种将垂直花园融入建筑设计的系统——适应性系统和选择性系统。

2.1 适应性系统

类似于“集中”绿色屋顶，适应性垂直花园要求环境能够适应植物的生长需求，而生长需求取决于所选物种的生态特点。可以通过放置网状植物生长培养基、灌溉和施肥来满足这个条件。适应性系统的优点是能够容纳多个植物物种，但也有一些限制，如需要为植物生长培养基设置安放和支撑的结构（Perez 等，2011）。

2.2 选择性系统

和“广阔”绿色屋顶类似，选择性系统利用严格的物种选择来确定能够在类似建筑物环境下自然生长的植物。这种系统的优点是不需要植物生长培养基，也不需

作者简介

Lloyd Godman

Stuart Jones

Grant Harris

Lloyd Godman

Lloyd Godman 是一名生态艺术家，在皇家墨尔本理工大学（RMIT）获得艺术硕士学位。他曾举办过超过 45 场的独立艺术展，并参加过超过 250 场的艺术群展。他目前主要创作活体植物作品和"超可持续发展"艺术。2011 年，他开始创作悬吊式旋转植物雕塑，并在高层建筑上进行植物设计，如墨尔本 Eureka 塔楼。

Stuart Jones

Stuart Jones 最近被任命为墨尔本 Hyder 咨询公司的技术总监。他之前在墨尔本 Point 5 咨询公司担任主管 14 年。Stuart 拥有超过 25 年的项目开发和职业经验，并且精通创造性的结构设计，在澳大利亚和亚洲具有丰富的工作经验。

Grant Harris

Grant Harris 是 Ironbark 环境树艺公司的负责人，在树艺学领域有超过 12 年的经验，拥有环境科学学位（野生生命和环保生物学）。他的研究兴趣是利用绿色基础设施缓解城市热岛效应和城市生态学。

Lloyd Godman，生态艺术家
90 Shaftesbury Ave.，St. Andrews
VIC 3761，Australia
t：+61 44818 8899
e：Lloydgodman@gmail.com
www.lloydgodman.net

Stuart Jones，技术总监，Hyder 咨询公司
Level 16，31 Queen St.，Melbourne
VIC 3000，Australia
t：+61 3 8623 4000
e：Stuart.Jones@hyderconsulting.com
www.hyderconsulting.com

Grant Harris，负责人
Ironbark Environmental Arboriculture
3/11 Coate Avenue，Alphington
VIC 3078，Australia
t：+ 61 41560 7375
e：contactgrantjharris@gmail.com

> 气生凤梨的叶子能够从大气中直接吸收水分和养分，不需要在建筑物表面安放植物生长的培养基。

要相关的安装和维护费用。这种系统的缺点是欠缺不同的植物色调。

3 植物选择

附生植物利用其他植物进行力学支撑，已经进化出了多种植物种群，遍布于环境中。附生植物一般生长在森林顶层当作帐篷。因此，与在地面舒适土壤环境下生长的植物不同，附生植物需要能够承受湿度的剧烈变化。气生凤梨（图2）作为凤梨科家族的一种，有超过1 000种附生种类（Benzing，1990），这种植物就已经进化得不需要土壤，而且能够适应极端的湿度环境。对于可以生长在选择性垂直园林系统中的植物而言，这都是很有吸引力的必需特点。

高层建筑环境对植物生长极具挑战，持续的劲风会加速蒸发带来的水分损失，因此增加植物对水分的需求。一种气生凤梨 Tillandsia bereri 和一种杂交品种 Houston 被选来检验选择性垂直花园系统的概念，因为这两种植物具有以下特点。

	图1
图2	图4
图3	图5-图7

图1　Eureka 塔，墨尔本
图2　气生凤梨——被选作实验的“气生植物”
图3　安放在 Eureka 塔楼上的气生凤梨植物笼
图4　位于 Eureka 塔楼 92 层的空气凤梨，2015 年 5 月 20 日。能在最右端的植物上看到小叶子
图5　墨尔本的 CH2 大楼
图6　2011 年 CH2 大楼的北面。气生凤梨的位置用红色圆圈标记。请注意藤蔓植物的生长情况与气生凤梨不一致
图7　2015 年 2 月拍摄的 CH2 大楼北面，藤蔓植物比 2011 年少了一些

3.1 耐旱程度

凤梨科植物利用景天科酸性新陈代谢循环，可以将蒸发带来的水分损失降到最低。在这个新陈代谢过程中，气孔在白天炎热的时候关闭，在夜间打开，摄入二氧化碳，释放氧气（Benzing，1990）。通过专门的毛状体细胞摄入水分和养分，可以进一步降低蒸发带来的水分损失，这些特点使气生凤梨非常耐旱。

3.2 无需土壤

气生凤梨以附生方式生存，其适应性表现在它改变了植物根系的角色，根系不再吸取水分和营养，而仅仅起到将植株固定在培养基上的作用（Benzing，1990）。植物的叶子取代了根系的角色，直接从大气中吸取水分和养分，因此便有了一个通俗的名称——“气生植物”（air plant）。由于气生凤梨的这种适应性，可以不必在建筑物表面安放植物生长的培养基，植物根系不再寻找和吸收水分，大楼管理人员就可以不再为潜在的损坏和维护费用而担忧。

3.3 吸收空气中的污染物质

气生凤梨的毛状体吸收能力很强，能够迅速吸收空气中的污染物质（Li 等，2005）。在高层建筑上放置大规模的气生凤梨屏障，能够为建筑和周围环境过滤并净化空气。

3.4 最小重量

根据前期的放置方案，一个气生凤梨

屏障约重 3 kg/m^2。相比于需要植物生长培养基和支撑结构的适应性系统来说，这个重量很轻。因此，可以用气生凤梨制作屏障（Perez，2011），并且可以在大楼表面布置成任意形状（Wang 等，2011）。目前，植物屏障已经成为有效的被动节能系统（Perez，2011）。

4 实验方法

项目团队安放了 8 株气生凤梨，分成两组分别放在金属笼中，固定在 Eureka 塔楼 4 个位置的安全点上。植物笼分别放置在 56、65、91 和 92 层上（图3）。放置植物的方位取决于可使用的阳台和笼子附着点的位置。植物在放入笼子之前，已经进行了拍摄和标注。

在 2014 年 6 月 17 日 到 2015 年 5 月 20 日期间，观察植物 4 次，并记录每一类植物的健康状况（表1和图4）。活叶比例可用来衡量植物的健康状况（Costello，2013），按照 6 种健康类型对植物进行评定。这 6 种类型分别为：死亡（活叶少于 10%），极差（活叶少于 25%），差（活

叶少于 50%），正常（活叶多于 50%），好（活叶多于 75%），极好（活叶多于 90%）。由此可通过视觉观察每一片叶子来衡量植物的健康状况。当一片叶子处于衰落状态（死亡组织超过 35%）时，则被归类为死亡。活叶和枯叶的相对比例可以衡量植物的健康状况。在放置期间，不对植物进行任何的补充灌溉或施肥。Eureka 塔楼气象站可记录天气状况，可以确定实验期间的高温少雨时期。

5 实验结果

在 2014 年 10 月 16 日监测期间，在距离生长末梢最远的地方，发现有一些叶子枯梢。这是因为植物需要适应新的环境。除 91 层的一株植物以外，所有植物都保持了较高的健康水平。91 层的这株植物位于最庇荫处，接受的雨水和阳光最少。

在 2015 年 2 月 25 日的监测中，发现了唯一一株在实验期间开花的植物，并且已经长出了新的小叶子（无性繁殖出的新的小植物）。在 2015 年 5 月 20 日的监测中，位于 56 层和 65 层的植物也长出了小叶子。

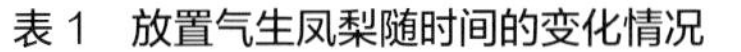

表 1 放置气生凤梨随时间的变化情况

楼层	高度（m）	植物	观察日期			
			冬天	夏天		冬天
			2014-06-17	2014-10-16	2015-02-25	2015-05-20
56	179.5	B1	●	●	●M	●M
56	179.5	H2	●	●	●M	●M
65	208.5	B3	●	●	●M	●M
65	208.5	H4	●	●	●M	●M
91	292.3	B5	●	●✿	●M	●M
91	292.3	H6	●	●	●M	●M
92	298.3	B7	●	●	●M	●M
92	298.3	H8	●	●	●M	●M

B Tillandsia bergeri　H Tillandsia 'Houston'　✿ 开花　M 长出新叶子

植物健康状况　● 极好　● 好　● 正常　● 差　● 死亡

「实验结果表明，气生凤梨能够在高层建筑的外部生存，不需要补充灌溉。92 层位于地面之上约 300 m，这是全世界植物安放位置的最高记录。该实验也证明了选择性垂直绿化系统的概念。」

6 结果讨论

实验结果表明，气生凤梨能够在高层建筑的外部生存，不需要补充灌溉。92层位于地面之上约300 m，这是全世界植物安放位置的最高记录。该实验也证明了选择性垂直绿化系统的概念。

城市中的建筑物本质上是地质结构精炼的片段。为了将植物与高层建筑融为一体，首先必须选择能够在自然界严酷环境中生存的植物。建筑本质上是一个高度垂直的悬崖，没有腐质土壤，无法保持水分，温度变化剧烈。气生凤梨的某些种类恰好能够适应这种环境。高层建筑上的植物要经受猛烈的劲风，且土壤较少，这给灌溉系统带来了巨大的压力，因为灌溉系统需要提供水分，以弥补蒸发带来的水分损失。这样严苛的生态环境意味着，对于某些植物物种来说，不管为植物根系提供多少水分，都无法弥补蒸发所消耗的水分。对于适应性系统而言，灌溉系统的功能非常重要，目前已有很多绿化墙建造失败的案例，值得人们关注（Klettner 2009）。而选择性系统的优点在于它可以避免这个威胁。

7 在其他城市绿化项目中的气生凤梨实验

7.1 CH2大楼实验

2011年终于迎来了气生凤梨在垂直城市环境中展示的机会。与墨尔本市议会的高级建筑师Ralph Webster合作，在位于Little Collins大街240号的CH2新大楼（图5—图7）进行了一次实验，检验一些气生植物在严苛环境下的表现。现有的藤蔓植物在北墙茁壮成长，那里非常炎热，风很干燥，狭窄通道的隧道效应更加剧了环境的干燥。18个月后，气生凤梨证明了它能够在适应性生物系统中旺盛生长，不需要任何土壤或网状（加压）灌溉系统。但原先摆放的藤蔓植物正在挣扎。到2015年2月，藤蔓植物还在，但覆盖面积比2011年的时候少了很多。这意味着，植物的重新种植和维护成本会超过环境绿化的收益。这个简单的实验为墨尔本市一个更大的项目——Airborne提供了范本。

7.2 Airborne项目

2013年，受墨尔本艺术基金支持，Airborne项目展示了8个气生植物雕塑，放置13个月，地点位于墨尔本中部的Les Erdi Plaza, Northbank, 邻近Flinders大街站的繁忙铁路地带。那里环境严酷，没有土壤和辅助灌溉系统。虽然实验期间的干旱时间有所延长，而且高温破历史记录（连续5天超过41℃），但植物仍然在生长，甚至开花。13个月以后，植物的生长习性发生了变化，其结构变得更加紧密，叶子变短变硬，由于毛状体水平的增加，叶子颜色变成银白色。但是，繁殖更加旺盛，每一个植物都有7~8片新叶子，而压力较小的地方只有2~3片新叶子。笔者认为，繁殖增加的原因是植物的生命保险，如果植株有一个或多个后代死亡，那么会预留更多的嫩芽以便进行繁殖。另外，植株丛的阴影更大，可以保护在阳台上的其他植物。13个月的实验期间里，数千个气生凤梨仅有两个死亡。

在这期间有一场暴风雨，风速高达115 km/h，其中一座大雕塑被吹离底座数百米，不幸的是，撞倒了一面砖墙，造成3人死亡。但是暴风雨对生长中的植物雕塑的影响很小，因为通过旋转，气生植物雕塑可以像船帆一样释放能量。随着屋顶和垂直墙面被绿色植物覆盖，Airborne项目因此证明了气生植物完全可以摆脱土壤环境的限制，通过悬挂于建筑物的外部开敞构件上，为其提供充满生机的空中屏障（图8）。

7.3 生物保险

Eureka的气生植物实验有力地证明了气生凤梨植物能够不依赖土壤和辅助灌溉系统，生长在墨尔本这样的城市的高层建筑上。该实验也开辟了一条新的道路：在高层建筑上也能够以创造性、有效、环保的方式安放植物。Eureka塔楼的管理人员非常支持这个实验，并且将来有望推行更大的项目。

普通植物需要在完善的灌溉和施肥系统中才能生存。笔者相信，相比于普通植物，尤其是在极限环境可能耗尽植物所有水分和养分的情况下，气生植物具有明显优势。

在网状灌溉系统中，可能出现的极限事件包括：

（1）水泵失效，水管或排水系统堵塞；

（2）天气情况，比如风、冷、热或者干旱；

（3）水滴路径：水滴从墙上落到叶子表面，然后落在地面上，叶子下面的植物被挡住，无法接受到水分。

垂直和屋顶绿化往往没有考虑上述这些因素，因此常常失败。因为气生凤梨不需要土壤媒介或者网状灌溉系统，因此风险因素大幅降低。更重要的是，它不存在水渗入大楼某些角落的风险，也没有渗透屋顶和损坏大楼表面或结构的风险。

因此，即使植物大面积死亡而导致实验失败，但由于气生凤梨重量很轻，也不会引起像藤蔓植物那样的硬组织植物可能造成的问题，比如，从建筑物上拆卸硬组织植物时，有可能会损坏和刺破大楼表面。

8 未来：气生植物的“飞行手册”

建筑物是一种呈现。在整体结构中，

建筑师通过使用金属、玻璃、混凝土和人造合成材料来定义表面和几何结构。但是，21 世纪有责任感的建筑不仅要考虑植物在城市环境中的优势，不仅仅是简单地在墙面附加一个垂直花园，同时也应当创作体现绿色生机的多种构造和纹理，将其与现有的材料和纹理结构一同纳入结构的整体视觉设计中。未来增加这个生机勃勃的元素具有令人振奋的潜力，可任由想象翱翔。

不妨想象一下那带有多个植物屏障的垂直绿化，每个屏障可以独立地以不同幅度在建筑物外立面上像潮汐一样上下起伏。不妨想象一下整个植物屏障迎着风微微闪光。不妨想象一个模块化系统，气生凤梨在开放的公共空间中悬挂，在夏天投下斑驳的阴影；在寒冷的冬日，移到建筑物正面，让人们享受美好的阳光。不妨想象一下在屋顶花园中，设计悬挂的气生凤梨，达到随时可以调节的阴影效果，与那些生长在土壤环境中的娇弱植物互为补充。

气生凤梨屏障（图 9，图 10）可以：

（1）通过一扇移窗，沿建筑物外立面水平或垂直方向平行移动；

（2）沿一个曲线形的轴旋转，这样既能够遮挡直射的太阳光，又保证可以清晰地看到窗外的风景；

（3）设置在建筑物外的一个转轴上，并可以旋转；

（4）水平放置在建筑物外或者向上悬挂，以达到遮阴效果。

因为不需要网状灌溉系统，气生凤梨屏障能抵抗重力，而其他垂直花园系统无法避免重力的限制。气生凤梨屏障可以伸出悬挂在建筑物正面，或者设计成复杂精致的几何或有机曲面。对于未来的园艺结构，气生凤梨屏障可以和玻璃、不锈钢或者混凝土一起，设计出灵活的、富有生机的纹理结构，并且维护较少。还可以设计出生机勃勃、富有变化的大楼表面，可以在一天中多次改变屏障的形状和形式。

凤梨科植物为无性生殖，是研制新材料的重要生物资源。将气生凤梨融入绿色建筑设计，这种做法的重要优势在于生机勃勃的墙面可以分时间分段完成。一栋高层建筑的表面可以在不同的楼层同时进行。与如今的垂直园艺不同，气生凤梨屏障的设计不需要水和泵的操作费用，也不需要替代植物。

过去几年所做的气生凤梨实验的结果表明，设计者对这些园艺系统的有效性充满信心，能够凭借所获得的知识进行设计，为空中花园开辟了一条新的道路，为将植物融入城市的绿色环境提供了崭新的视角和维度。这些气生植物写下了一本“飞行手册”，它们从此可以不再局限于居住城市的土壤环境，而是在空中占领了一片新的空间。■

参考文献

Benzing D H. 1990. Vascular Epiphytes[M]. Cambridge: Cambridge University Press.

Costelo L R, Pery E J, Matheny N P, et al. 2003. Abiotic Disorders of Landscape Plants: A Diagnostic Guide[M]. Richmond: University of California Agriculture & Natural Resources Publications.

Wang F, Zhang X, Tan J, et al. 2011. The Thermal Performance of Double Skin Facade with Tillandsia Usneoides Plant Curtain[J]. Energy and Buildings, 43: 2127–2133.

Klettner A. 2009. Amazing Pictures: London's First Living Wall Dies[EB, OL]. Architect Journal. http://www.architectsjournal.co.uk/news/daily-news/amazing-pictures-londons-first-livingwall-dies/5207086.article.

Li P, Pemberton R, Zheng, G. 2015. Foliar Trichomeaided Formaldehyde Uptake in the Epiphytic Tillandsia Velutina and its Response to Formaldehyde Pollution[J]. Chemosphere, 119: 662–667.

Oberndorfer E, Lundholm J, Bass B, et al. 2007. Green Roofs as Urban Cosystems: Ecological Structures, Functions, and Services[J]. BioScience, 57: 823–833.

Pérez G, Rincón L, Vila A, et al. 2011. Green Vertical Systems for Buildings as Passive Systems for Energy Savings[J]. Applied Energy, 88: 4854–4859.

Saadatia n O, Sopian K, Saleh E, et al. 2013. A Review of Energy Aspects of Green Roofs[J]. Renewable and Sustainable Energy Reviews, 23: 155–168.

Townsend M, Weerasuriya R. 2010. Beyond Blue to Green[M]. Melbourne: Beyond Blue Limited.

Wood A, Bahrami P, Safarik D. 2014. Green Walls in High-Rise Buildings[M]. Chicago: Council on Tall Buildings and Urban Habitat.

Zhang X, Shen L, Tam V W Y, et al. 2012. Barriers to Implement Extensive Green Roof Systems: A Hong Kong Study[J]. Renewable and Sustainable Energy Reviews, 16: 314–319.

如无特殊说明，本文的所有照片都属于作者。

图8 | 图9，图10

图 8　墨尔本的 Airborne 项目

图 9　气生凤梨屏障的例子

图 10　从实验的可移动气生凤梨屏障里所看到的窗外风景

全球最高的观景台

在一栋高楼所具备的元素中，或许只有观景台可以让人们体验会当凌绝顶、一览众山小的纯粹快感。通常，观景台不仅会给一栋建筑带来可观的收入，还可以改变人们观察城市的角度，并且在很大程度上提升城市的国际声誉。然而，很多经营者并不仅仅满足于“高度带来的纯粹快感”，他们还不断地将各种娱乐设施加入高层建筑中，如玻璃地板、过山车和蹦极。这里，我们将回顾高层建筑的历史和各种相关记录，来看看人类对高度的迷恋究竟有多夸张。

回顾观景台的历史，你会发现它起源于北美文化，在早期的摩天大楼上我们可以发现它的存在。当楼房盖到了直入云端的高度时，人们就开始好奇站在这样的高度上远眺，世界会是什么样子。就在最近，随着亚洲和中东开始进军高层建筑市场，他们也着手把观景台的发展推向一个新高度。

备注：所有数据统计到 2015 年 6 月

具有不同功能的观景台

世界最高的观景台共有 75 座，可以按功能对它们进行分类。

酒店 3%
住宅 9%
通信 / 观景塔 20%
混合使用 40%
办公 28%

历史上世界最高的几座观景台

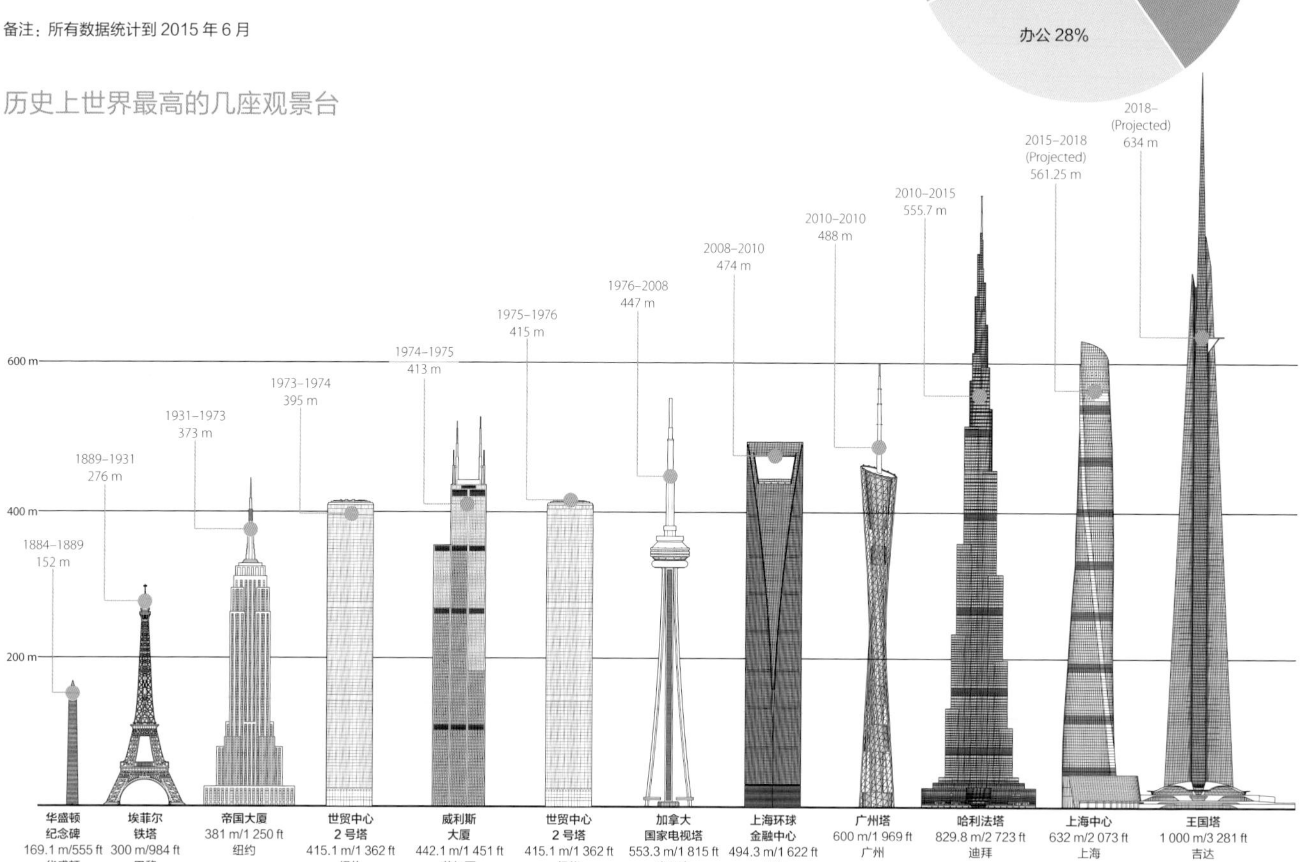

* 纽约世贸中心 2 号塔在这条历史天际线上出现了两次。1974 年，芝加哥威利斯大厦观景台的高度（413 m）超过了世贸中心的第一座观景台（395 m）。新开放的世贸中心 2 号塔观景台则更高一些（415 m），并再次成为世界上最高的观景台。

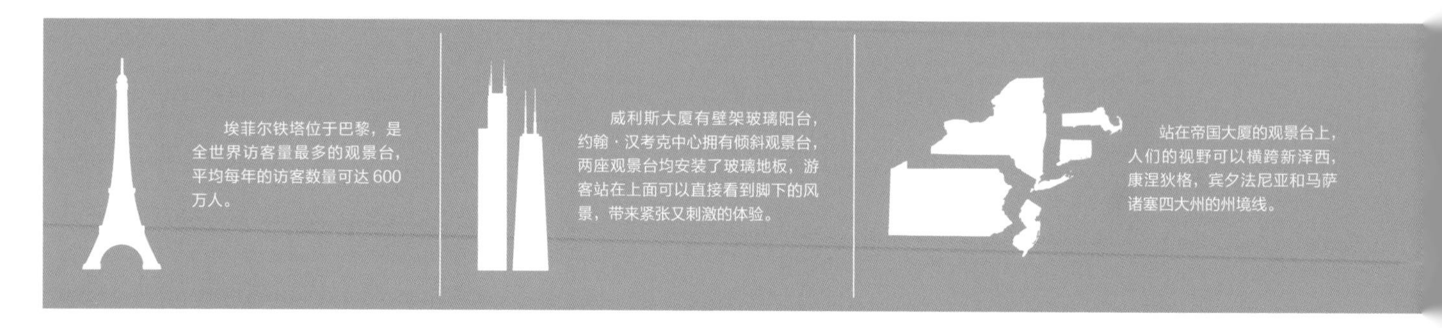

埃菲尔铁塔位于巴黎，是全世界访客量最多的观景台，平均每年的访客数量可达 600 万人。
威利斯大厦有壁架玻璃阳台，约翰·汉考克中心拥有倾斜观景台，两座观景台均安装了玻璃地板，游客站在上面可以直接看到脚下的风景，带来紧张又刺激的体验。
站在帝国大厦的观景台上，人们的视野可以横跨新泽西，康涅狄格，宾夕法尼亚和马萨诸塞四大州的州境线。

历史上各大城市观景台的高度增加

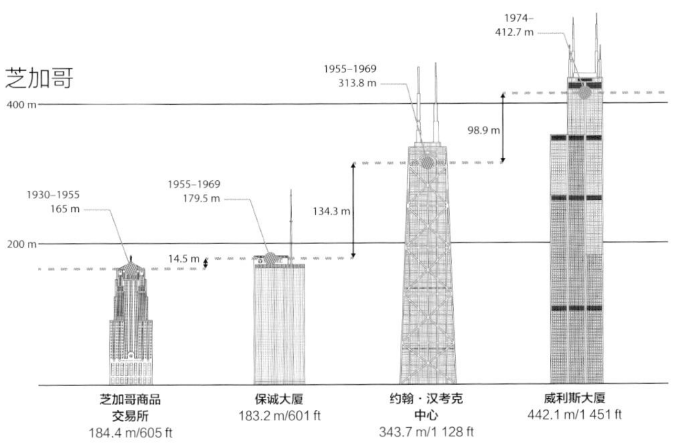

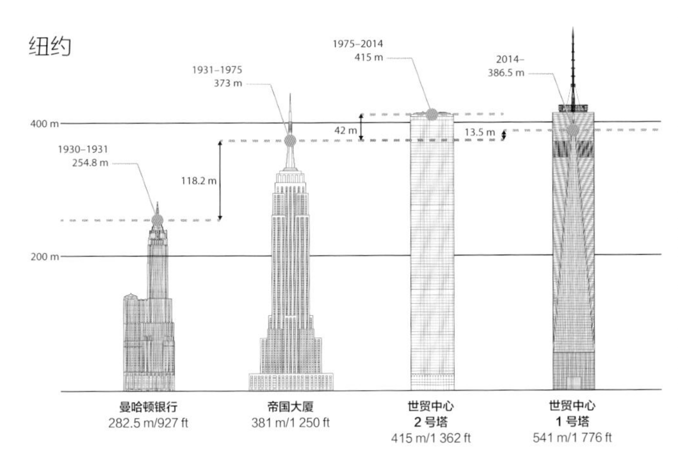

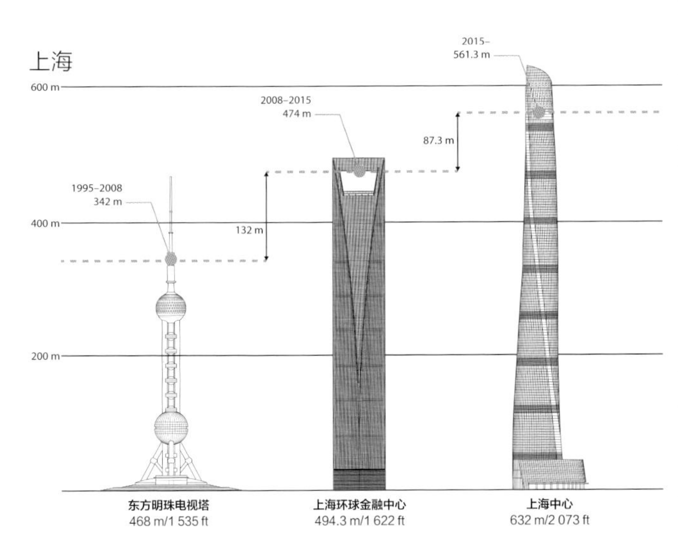

世界上最高的 75 座观景台

这个排名是根据观景台的高度来决定的，下面这张表格列出了世界上最高的 75 座观景台，以及它们的地点和高度。这些观景台有些已经竣工（阴影部分），有些还在建设中（无阴影部分）。

排名	建筑名称	城市	观景台高(m)	建筑高(m)	竣工时间
1	王国塔（Kingdom Tower）	吉达	637.5	1 000	2018
2	苏州中南中心（Suzhou Zhongnan Center）	苏州	592.8	729	2020
3	高银金融 117 大厦（Goldin Finance 117）	天津	578.7	596.6	2016
4	武汉绿地中心（Wuhan Greenland Center）	武汉	567	636	2017
5	上海中心大厦（Shanghai Tower）	上海	561.3	632	2015
6	哈利法塔（Burj Khalifa）	迪拜	555.7	828	2010
7	平安国际金融中心（Ping An Finance Center）	深圳	550	660	2016
8	中国尊（China Zun Tower）	北京	503.5	528	2018
9	乐天世界大厦（Lotte World Tower）	首尔	497.6	554.6	2016
10	麦加皇家钟塔（Makkah Royal Clock Tower）	麦加	484.4	601	2012
11	广州塔（Canton Tower）	广州	448	600	2010
12	上海环球金融中心（Shanghai World Financial Center）	上海	474	492	2008
13	东京天空树（Tokyo Sky Tree）	东京	451.2	634	2012
14	加拿大国家电视塔（CN Tower）	多伦多	447	553.3	1976
15	重庆世界贸易中心（Chongqing International Trade and Commerce Center 1）	重庆	440	468	2019
16	京基 100（KK100）	深圳	427.1	441.8	2011
17	广州国际金融中心（Guangzhou International Finance Center）	广州	415.1	439	2010
18	威利斯大厦（Willis Tower）	芝加哥	412.7	442.1	1974
19	大连绿地中心（Dalian Greenland Center）	大连	406.5	518	2018
20	台北 101 大楼（TAIPEI 101）	台北	391.8	508	2004
21	环球贸易广场（International Commerce Center）	香港	387.8	484	2010
22	世贸中心 1 号塔（One World Trade Center）	纽约	386.5	541.3	2014
23	Marina 106	迪拜	378	445	2018
24	Marina 101	迪拜	375	426.5	2015
25	帝国大厦（Empire State Building）	纽约	373.1	381	1931
26	双子星塔（Petronas Tower 2）	吉隆坡	370	451.9	1998
27	公主塔（Princess Tower）	迪拜	356.9	413.4	1998
28	Lakhta Center	圣彼得堡	353.3	462	2019
29	东方明珠电视塔（Oriental Pearl Television Tower）	上海	342	468	1995
30	高雄 85 大楼（T & C Tower）	高雄	341	347.5	1997
31	上海金茂大厦（Jin Mao Tower）	上海	340.1	420.5	1999
32	奥斯坦金诺电视塔（Ostankino Tower）	莫斯科	337	540	1967
33	哈德逊城市广场 30 号（30 Hudson Yards）	纽约	336	386.5	2019
34	龙希国际大酒店（Longxi International Hotel）	江阴	315	328	2011
35	约翰·汉考克中心（John Hancock Center）	芝加哥	313.8	343.7	1969
36	天津环球金融中心（Tianjin World Financial Center）	天津	313.6	336.9	2011
37	中国国际贸易中心（China World Tower）	北京	311.8	330	2010
38	Stalnaya Vershina	莫斯科	306.8	308.9	2015
39	World One	孟买	304.8	442	2016
40	迪拜火炬大厦（The Torch）	迪拜	303.6	352	2011
41	KAFD 世贸中心（KAFD World Trade Center）	利雅得	300	303	2015
42	信兴广场（Shun Hing Square）	深圳	298.1	384	1996
43	Cemindo Tower	雅加达	295.6	304	2015
44	默德塔（Milad Tower）	德黑兰	293	435	2008
45	王国中心大厦（Kingdom Center）	利雅得	290.4	302.3	2002
46	彩虹二塔（Baiyoke Tower II）	曼谷	290	304	1997
47	Brys Buzz	诺伊达	290	300	2017
48	大阪阿倍野 Harukas（Abeno Harukas）	大阪	287.6	300	2014
49	恒隆广场（Spring City 66）	昆明	285.7	349	2018
50	发现大楼（Eureka Tower）	墨尔本	285	297.3	2006
51	埃迪哈德大厦 2 号塔（Etihad Tower T2）	阿布扎比市	281.6	305.3	2011
52	东北亚贸易大厦（Northeast Asia Trade Tower）	仁川	276.7	305	2011
53	埃菲尔铁塔（Eiffel Tower）	巴黎	276	300	1889
54	吉隆坡塔（Menara Kuala Lumpur）	吉隆坡	276	420.4	1996
55	海外联合银行中心（Overseas Union Bank Center）	新加坡	275.8	277.8	1986
56	哥伦比亚中心（Columbia Center）	西雅图	275	284.4	1984
57	地标大厦（Landmark Tower）	横滨	273	296.3	1993
58	绿地中心紫峰大厦（Zifeng Tower at Greenland Center）	南京	271.8	450	2010
59	中央电视塔（Central Radio & Television Tower）	北京	270.5	386.5	1992
60	摩根大通大厦（JP Morgan Chase Tower）	休斯顿	268	305.4	1982
61	高塔酒店（Stratosphere Tower）	拉斯维加斯	266	350.2	1996
62	利通广场（Leatop Plaza）	广州	264.7	302.7	2012
63	共和大厦（Republic Plaza）	新加坡	262.9	276.3	1996
64	河内乐天中心（Lotte Center Hanoi）	河内	262	272	2014
65	Torre Costanera	圣地亚哥	261	300	2014
66	悉尼塔（Sydney Tower）	悉尼	260	305	1981
67	通用电气公司大楼（GE Building）	纽约	256	259.1	1933
68	天津广播电视塔（Tianjin Radio & TV Tower）	天津	253	415.1	1991
69	大阪世界贸易中心（Osaka World Trade Center）	大阪	252.1	256	1995
70	埃迪哈德大厦 1 号塔（Etihad Towers T1）	阿布扎比市	251.2	277.6	2011
71	河南广播电视塔（Henan Province Radio & TV Tower）	郑州	251	388	2011
72	东京塔（Tokyo Tower）	东京	249.6	332.9	1958
73	科伦坡莲花电视塔（Colombo Lotus Tower）	科伦坡	248	248	2015
74	郑州绿地广场（Zhengzhou Greenland Plaza）	郑州	244.7	280	2013
75	碎片大厦（The Shard）	伦敦	244.3	306	2013

广州塔地处广州市，拥有世界上最高的横向摩天轮，摩天轮最高点可达 451 m，车厢行驶在向下倾斜的轨道上，围绕楼体转动。

你需要花费 45.70 美元才能登上 72 层（244 m）高的伦敦碎片大厦室外观景画廊，相当于每上升 1 m，就要花费 0.20 美元。

中国第一座观景台是沈阳的辽宁广播电视塔，该建筑于 1984 年竣工，在中国最高的 10 座观景台中排名第六。

解开谜题：华盛顿纪念碑之不可思议的“收缩”

采访嘉宾 / Dru Smith

2015 年 2 月，当美国国家海洋和大气管理局（National Oceanic & Atmospheric Administration，NOAA）下属的国家大地测量局（NGS）利用 CTBUH 的高度标准来确定华盛顿纪念碑的真实建筑高度时，发现这一著名的纪念碑“缩水”了将近 10 in（248 mm）。作为与 CTBUH 对话的一部分，NGS 使用精确的测量方法，确定这一建筑的高度为 554′$\left(7\frac{11}{32}\right)''$（169.046 m），而非从前记录的 555′$\left(5\frac{1}{8}\right)''$（169.294 m）。当这一数据在美国总统日前后发布后，该报告就在媒体界广泛传播。CTBUH 国际期刊主编 Daniel Safarik 采访了 NGS 首席大地测量学家 Dru Smith 先生，以便更加深入地探讨这个项目的细节。

Daniel：首先，我们的大多数会员都会广泛地运用数学知识和复杂的软件来设计、建造和运营高层建筑。但是他们中的很多人或许不太了解大地测量学家到底是做什么的。能否请您为我们解释一下呢？

Dru：大地测量学家是指那些在大地测量学领域工作的科学家，该学科主要是研究和测定地球形状和大小，地球重力场，以及地面点的几何位置。作为这些研究的一部分，我们的研究领域还包括地球动力学和地球物理学，如转动极的摇摆度、地壳板块的漂移。不过从大地测量学的研究核心来看，它是一门测量科学，诸如对角度、距离、地心引力之类的大地测量在几个世纪以来一直都是大地测量学的核心。

Daniel：华盛顿纪念碑最近进行了一次全面的翻修。NGS 为何要在这个阶段对纪念碑进行重新测量？

Dru：NGS 一直与美国国家公园管理局（National Park Service，NPS）、华盛顿纪念碑（Washington Monument，WM）和国家广场区域的管理团队保持着协作关系，并且这种合作已经持续了将近一个世纪。合作中最显著的一部分工作就是对华盛顿纪念碑基座周围的地面点进行大地水准测量，从而可以测量出亚毫米级的高度变化。这类测量的目的是为了监测国家广场区域是否有地面下沉现象。

然而，在 1934 年和 1999 年分别对纪念碑进行了一次特殊的勘测，NGS 在这两次测量中基本上都用测量仪器“占领”了华盛顿纪念碑的塔尖。这是可能做到的，因为在那两年中，为翻修而搭建的脚手架把纪念碑围住了。1934 年的那次是一次三角测量（即测量从远处观测的物体之间的角度，如教堂塔尖、旗杆），确定了纪念碑塔尖的经纬度。这一测量非常有用，因为对于从地面观测的测量者来说，纪念碑塔尖是一个合理的测量点，但之前从未有测量者直接登上塔尖去测量它的经纬度。1999 年的那次测量主要是为了展示 GPS 能够精确测定高程的功能（图 1）。

有了华盛顿纪念碑塔尖的经纬度、高程等准确的测量数据，就能帮助国家公园管理局更好地践行维护纪念碑的使命，因为这些数据能够用来监测纪念碑是否有倾斜或下沉的现象。就这一点而言，当 NGS 知道华盛顿纪念碑会再次被脚手架严密包住时（为修复 2011 年地震带来的破坏），

作者简介

Dru Smith 博士获得俄亥俄州立大学大地测量科学博士学位后，于 1995 年加入了美国国家大地测量局（National Geoderic Survey，NGS）。从 1995 年到 2000 年，他主要研究重力和大地水准面，建立了 GEOID96、CARIB97、MEXICO97 和 GEOID99 等大地水准面模型。在 2001 年这一年时间里，他就职于美国跨部门 GPS 执行委员会（Interagency GPS Executive Board，IGEB）的执行秘书处，协助制定政府 GPS 政策。2001 年，他又回到美国国家大地测量局，专注于利用连续运行参考站（Continuously Operating Reference Stations，CORS）网络模拟电离层的研究。他是导航学会（Institute of Navigation）、美国地球物理联盟（American Geophysical Union）、国际大地测量协会（International Association of Geodesy）的成员，之前一直是美国大地测量协会（American Association for Geodetic Surveying）的理事会成员。

Dru Smith，美国国家海洋和大气管理局，国家大地测量局
首席大地测量专家
SSMC3，Room 8635
1315 East West Highway
Silver Spring，Maryland 20910
United States
Tel：+1 301 713 3222 Ext. 144
Fax：+1 301 713 4175
Email：Dru.Smith@noaa.gov
www.ngs.noaa.go

图 1　被脚手架包围的华盛顿纪念碑
© Ron Cogswell.
来源：Wikimedia Commons
图 2　高度的测量从最底部的、主要的、开放的、步行入口处的水平面作为起始点，一直到建筑结构的顶端（CTBUH 标准）
图 3　通过全站仪看到的纪念碑顶部

我们寻求并且获得了国家公园管理局的许可，再次爬上了纪念碑塔尖（图2）。然而这一次，我们的目标是将塔尖的定位精确到毫米，这在过去是不曾做到的。这么做的原因是我们希望为未来可能发生的测量建立一个基准，从而能够监测塔尖的任何移动。

NGS 一开始并不是为了要确定纪念碑的建筑高度，但由于这样的测量是有用处的（用来确定这些年来该建筑物是否真正受到任何压缩），更不用说对公众利益的好处。所以适当地收集所需数据，将高度的测量补充到总体测量中，这一额外的努力是值得的。

Daniel：你们在最近一次测量中用了什么的设备和方法（我期待您的答案里会有“绳索下降”和“激光”这些词）？

Dru：NGS 没有用过绳索下降，但是国家公园管理局有些很棒的照片，是在初步评估纪念碑损伤情况的阶段照的，他们真的从塔尖使用了绳索下滑！激光的作用比较小，我们的准直仪，也就是使粒子束变窄并平行的仪器，会用到激光，但是我们绝大部分仪器的电磁工作都是通过微波进行的。

测量有三个基本阶段，每个阶段都有自己的设备和目的：大地水准测量，导线测量和 GPS 测量。

大地水准测量是一种视距测量，用来确定一个点与另一个点之间的高差。主要设备是一台大地水准仪和一对水准尺。这一过程用的是短的、平衡的视距，读取一个标尺上的读数，再读取另一个标尺上的读数。用这种方式进行持续的操作，最终会连接两个兴趣点（Point of Internet，POI）。利用这种模式，纪念碑的内部和周围的所有点都能确定两种高度：1988 年北美垂直数据（NAVD 88）的“正高”（用于所有联邦地理空间产品的官方高程）和“建筑高度”（通过采用 CTBUH 推荐的“零建筑高度”定义来确定）（图3）。

导线测量是用一台全站仪和一些反射棱镜。全站仪看起来像是传统的测量仪器加上一个望远镜，但不像那些古老的仪器那样只能测量水平角和垂直角，全站仪还可以电子测量仪器到反射棱镜之间的斜距（图4）。导线测量测的是纪念碑周围 10 个不同的点之间的角度和距离。运用这些数据，我们能够计算出塔尖的正高和建筑高度，并确定其经纬度。

Daniel：GPS 是如何发挥作用的？

Dru：这次测量中用到了 GPS，但是有些难度（我们在 1999 年也经历

纪念碑内部和周围的所有点都能确定两种高度：1988 年北美垂直数据（NAVD 88）的‘正高’（是用于所有联邦地理空间产品的官方高程）和‘建筑高度’（通过采用 CTBUH 推荐的“零建筑高度”定义来确定）。

> 我们会问自己‘到底如何测量一栋建筑的高度’，然后意识到其实没有显而易见的答案。就这一点来说，我们团队在网上做了些调研。然后很快就发现 CTBUH 就是我们要找的理想机构——高层建筑的权威人士，并且有着我们能够遵照的明确标准。

过）。GPS 测量中包括一个“大地测量质量”GPS 接收器（比手机里的 GPS 贵多了，也准确得多），来将一些点的定位精确到厘米级。在我们的测量中，围绕在塔尖四周的脚手架在一定程度上干扰了来自 GPS 卫星的信号，所以这个方法并不像在“开阔的天空视野”的情况下那么准确。为了进一步协助位于塔尖的 GPS 的工作，我们还在纪念碑周围属于测量范围的其他点安置了 GPS 接收器。然而，最终 GPS 测量的准确度无法与大地水准测量和导线测量相比，而且 GPS 的一系列方法是用来对最终数据进行“现实检验”，而不是作为最终整体运算的一部分。

Daniel：从决定用 CTBUH 标准，到与 CTBUH 学会确认标准，再到实际测量过程中应用这些标准，是怎样的过程？

Dru：在与 CTBUH 的合作中，少不了我们规划组的勤奋工作。如我之前所说，大地测量学家实质上是测量科学家。测量某个东西的高度就意味着要问“我到底在测量什么”。我们会问自己“到底如何测量一栋建筑的高度”，然后意识到其实没有显而易见的答案。就这一点来说，我们团队在网上做了些调研，然后很快就发现 CTBUH 就是我们要找的理想机构——高层建筑的权威人士们，并且有着我们能够依照的明确标准。

我们非常清楚 CTBUH 所认为的对于华盛顿纪念碑来说“最底部的、主要的、开放的、步行入口处的水平面”是什么概念（建筑高度要根据这一标准来确定）。但是出于谨慎，我们找出了华盛顿纪念碑的 4 个候选位置，这 4 个位置在表面上看来符合这一标准。我们制作了一些照片和录像，并且发送了一份完整的阐述，来解释我们为何选择这些点作为候选测量点。CTBUH 审阅了我们发去的信息，选出了我们命名为“WM FLOOR 3”的那个点。实际上，那正是我们的首选，知道 CTBUH 跟我们的想法一致，这让人感到欣慰。

CTBUH 通过了这一决定后，测量中所有点的高度都可以参照“WM FLOOR 3”这个点给出，包括塔尖的高度。

Daniel：华盛顿纪念碑以前测量过几次？每次测量起始点的确定标准是如何变化的？

Dru：在那些可以认为提供了华盛顿纪念碑“权威”建筑高度的组织中，我只认可其中三个测量值。第一个是 Thomas Casey 中校的手写报告，他是华盛顿纪念碑从 1878 年开建到 1884 年完工期间的总工程师。1885 年左右，他的一份报告声明纪念碑有555′(5$\frac{1}{8}$)″高。可惜在那份报告中没有提到这一高度是如何确定的，特别是没有提到他认为的“零建筑高度”在哪个位置。

第二个测量值是 1999 年由 NGS 用 GPS 测量的。遗憾的是，尽管公布了一些初步得到的建筑高度，但从未公布最终的官方建筑高度。但是在 1999 年间，插在原来地基里的、距纪念碑 4 个角几英尺远的 4 把金属（可能是黄铜）水准尺被发现。一些间接证据表明，其中 1 把或所有这 4 把水准尺都在 1885 年作为用来确定高度的“零建筑高度”。一些 2014 年完成

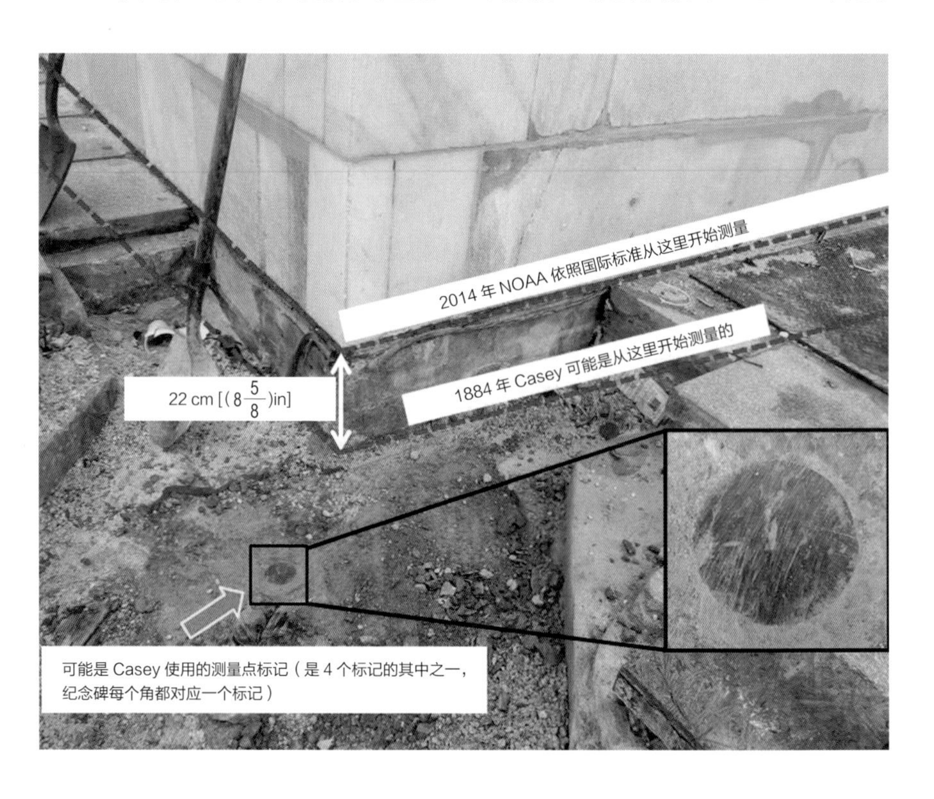
2014 年 NOAA 依照国际标准从这里开始测量
1884 年 Casey 可能是从这里开始测量的
22 cm [(8$\frac{5}{8}$)in]
可能是 Casey 使用的测量点标记（是 4 个标记的其中之一，纪念碑每个角都对应一个标记）

图4 1884 年 Thomas Casey 中校使用的测量点和 2014 年美国国家海洋和大气管理局（NOAA）依照 CTBUH 标准使用的测量点
图5 华盛顿纪念碑全景 © Delaywaves

的大地取证（利用 1999 年的数据）表明，使用这 4 个标记点（平均值）作为“零建筑高度”来确定的纪念碑建筑高度只是比 555′$\left(5\frac{1}{8}\right)$″少了约$\left(1\frac{1}{2}\right)$″（38 mm）（图 5）。不过我们的档案里没有证据表明 NGS 在 1999 年用了 CTBUH 的标准。

第三个也是最后一个建筑高度是我们在 2013—2014 年的测量工作中确定的。我们使用了两种方法：CTBUH 标准（以“WM FLOOR 3”为起始点）和我们后来所称的“Casey 方法”（以那 4 个角的标记点的平均值作为零高度）。这两个零高度的高差近 9 in（229 mm），这也是为何我们在 2014 年依照 CTBUH 标准测量的高度与 1885 年测量的高度相差约 9 in 的主要但非唯一原因。

Daniel：这么多年来，纪念碑的地面部分和塔尖部分都发生了怎样的变化？

Dru：这些年来，纪念碑周围的地面发生了巨大的变化，最开始，旁边一个湖干涸了，道路的路线发生了改变，林荫道被铺设起来了，再到后来，环绕整个纪念碑的广场也被建造了起来。但是纪念碑本身的变化不大。而且由于我们的测量其实根本不会参考像“地面水平”的这些参照物，所以地面本身的变化对多年来的实际测量来说根本不重要。

塔尖的铜质设计本来就有避雷功能，在 1934 年的检查中发现已经有一些铜“熔化”了。当我们 2013 年再回到这里时，经过非常仔细的测量后确定金属塔尖（因闪电、风化和其他原因）已经损耗了约$\left(\frac{3}{8}\right)$″（10 mm）。

Daniel：测量的方法和标准是如何随着时间而改变的？

Dru：有趣的是，大地水准测量和导线测量（在没有今天的电子测量仪器的情况下）在 19 世纪 80 年代已经拥有非常类似今天的测量方式了。今天我们在测量仪器与方法上都提高了准确度，但原理都是一样的。GPS 显然是新东西，但在这种环境中使用 GPS 对于这次测量来说就不是一个最好的选择。

我们假设 Casey 是以他在地基里埋设的一些点为起始点来测量华盛顿纪念碑的高度，这些点都排齐至地基的最高水平面。这个测量标准就是为什么 1885 年与 2014 年测量的高度有 9 in 差距的主要原因。事实上，在一些能同时看到纪念碑入口和地基水平面的老照片中，可以很清楚地看到这两者之间约有 9 in 的高差。所以根本就没有什么谜题——这都是从哪里开始测量的问题。

Daniel：现在翻修和测量都完成了，那么这些标记会怎么处理呢？

Dru：1999 年当 NGS 再次发现这些标记时，我们与国家公园管理局共同决定，路面更换一完成（随着翻修的完成），顶部带盖的 PVC 管就会包裹住那 4 个 Casey 标记以保护它们，并为以后的测量提供参考。这种体系一直保留，纪念碑在 2013—2014 年的翻新过程中，我们也与国家公园管理局达成了同样的意见。参观华盛顿纪念碑的游客会发现，在距离纪念碑 4 个角几英尺的地方各有一个与路面齐平的金属盖。盖子下面是通往地下约 1 ft（305 mm）的一个管子，以便能够找到 Casey 标记。

Daniel：有没有收到任何表达愤怒的信？有人提到阴谋论吗？

Dru：还没收到这么戏剧性的反应，但是看到这么多新闻媒体机构提供一些错误陈述或过分渲染新高度这件事，的确有些失望。他们错误地暗示了华盛顿纪念碑不知怎么就“缩水”了 10 in。我们继续对问题作出及时回应，澄清真正的测量结果。但是最终，真正的成功目标（可能不会引起公众关注）是我们能够将华盛顿纪念碑塔尖的定位精确到 1~2 mm，且将其建筑高度精确到 1 mm。未来任何有相似精确度的测量都可以与 2013—2014 年的这次测量相比较，任何在毫米级的变化都会被发觉。这并不是说我们期待会有什么样的变化，但是你不测量怎么知道呢！■

Mark Richards：碳纤维高层建筑?

文 / Mark Richards

轻质复合材料的应用正在使许多行业发生着变革，这些行业涵盖了从汽车业到航空业等领域。那么距离高层建筑产业在结构和立面上使用碳纤维和其他轻质复合材料还要多久呢？

作者简介

Mark Richards，美国西图公司
Mark Richards 是 CTBUH 在结构工程领域的同行专家评审委员会成员，也是美国西图公司（CH2M HILL）结构工程总监。

将碳纤维嵌入聚合树脂而得到的复合材料已经改变了工程学的许多方面，因为它有着难以匹及的强度。碳纤维的平均纵向拉伸强度为 2 000 MPa，弹性模量为 150~200 GPa，已被广泛运用于各种行业。人们之所以普遍熟知这种材料是因为它与高性能汽车紧密联系在一起，而且这种材料也很时尚，它经常以碳纤维嵌入聚合树脂所形成交错缠绕的视觉效果而著称。这些仅仅是它深受结构工程应用青睐的一些性能，何况它已经在使用中了。

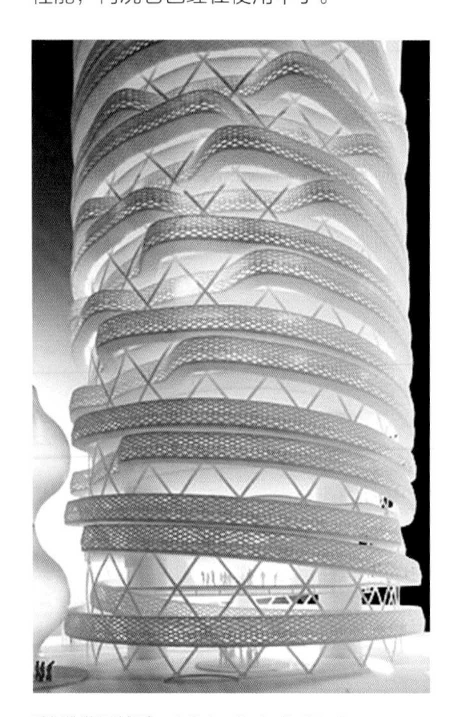

碳纤维塔设计概念 © Peter Testa Architects
来源：*Architectural Record*

碳纤维增强塑料（Carbon-fiber reinforced plastics，CFRP）在土木工程和结构工程中已被用来安装在现有结构上，将又长又窄的薄板固定在厚板或梁的底面以加强其弯曲强度。其他的用途还包括：将更大的 CFRP 薄板焊接到建筑结构的外部，来加强抗剪承载力，从而也使房屋和桥梁具有抗震能力，否则有可能达不到抗震这一目标性能。CFRP 只是一系列高级施工材料中的一种，它与热塑性聚合物结合形成复合材料。

CFRP 的吸引力通常集中在其强度方面的优势。但它最大的优点在于，当这种材料延性减小时，建筑的安全性并不会因此受到损害。考虑到与土木工程和结构工程相关的运用，这种材料的脆性破坏和相对较低的疲劳抗力就成为它的劣势。

一些高层建筑设计试图将永久荷载的集中度最大化，通常是通过巨型支柱来实现的。从传统上来说，这些巨型支柱会成为巨大的钢筋混凝土要素，通常内嵌型钢，作为把关键点的垂直力转移到地基的机制。作为建筑中最长的、最有连续性的要素，支柱在设计中一直备受关注，关注点一般是支柱因混凝土水化或荷载所造成的短期或长期的长度缩短。一些研究关注的是在组合柱的外表面使用钢材和碳纤维。这类研究希望从施工速度和视觉质量上获益。

至少目前看来，在高层建筑中更广泛地采用碳纤维所遇到的最大限制因素包括材料的耐火性和耐高温性，以及这种非各向同性的材料普遍容易产生的脆性破坏。

关于 CFRP 暴露于紫外线、辐射、热循环、潮湿环境下的研究也提出了长期耐久性的问题，这种联合效应主要会对那些用来粘合纤维的聚合环氧基带来不利影响，这就会降低它们的机械结合。光稳定添加剂的确会帮助减缓因暴露在紫外线下而发生的退化，但就算在这种情况下，终将发生的长期耐久性仍然是个问题。

碳纤维增强塑料在高层建筑中的应用既有机遇也有局限。CFRP 还不能够代替混凝土或钢材，特别是对于建筑中高荷载的重要部分。对使用这一材料的信心、国际认可的标准、频繁的使用率，或许能改变这一事实。即便在今天，尽管有常规检查、维护和更换材料这些做法可供选择，但 CFRP 材质的立面部件在高层建筑设计的一些领域仍然有很大的应用潜力。聚合物化学领域的发展会进一步加强材料的耐久性，让 CFRP 的应用变得更有吸引力。

鸣谢

作者感谢布拉德福德大学工程与信息学院结构工程系 Dennis Lam 教授对这篇文章提供的友好帮助。■

不断长高的迈阿密

报告来自：Daniel Safarik，CTBUH 中国区办公室总监及期刊主编

作为在 2015 年 10 月举办的 CTBUH 2015 年纽约会议的一部分，迈阿密是会后城市参观的举办地之一。CTBUH 国际期刊主编 Daniel Safarik 先生先行来到迈阿密，访问了参与组织会议城市参观的公司，并欢迎了新的会员企业。同时他也对迈阿密这座“位于拉丁美洲最北边的城市”，同时也是北美第四大高层建筑市场有了更加透彻的了解。在 CTBUH 代表团到来之前，他所撰写的报告捕捉到了迈阿密城市建筑最精髓的部分。

提起迈阿密，人们都会想到这样的场景：《迈阿密风云》中阳光灿烂的沙滩，摇曳的棕榈树，度假的游客，灯红酒绿的色彩……很多人想象中的迈阿密，总有一条高耸的楼宇组成的天际线。而今天，这一陈旧的刻板印象正在受到都市复合型建筑与文化设施的挑战，21 世纪的迈阿密，高层建筑的数量达到了史无前例的最高峰，这样的新兴发展和它所折射出的蓬勃生命力，似乎标志着这座城市已经越来越成熟了。

几乎每一位开发商或是建筑师都会告诉你，“现在的迈阿密已经是个成熟的城市了”，他们还会附上一份清单，细数过去几十年里迈阿密在文化和基础设施方面的各种进步。这其中包括了颇受欢迎的巴塞尔艺术博览会，具有波西米亚风情的温伍德区与艺术设计区的兴起，新迈阿密佩雷兹艺术博物馆，新世界交响乐团，以及位于迈阿密港之下的公路隧道，而迈阿密港可容纳最大号的集装箱货船。更让人惊讶的是，尽管州政府在此前从未对任何高铁项目提供过联邦资金援助，在迈阿密，一个由私人开发的高铁项目却已经动工了。

曾经，越来越多的国际投资者将迈阿密的房地产视为保值的避风港，如今他们在这里停留的时间越来越长了，这不仅仅是因为迈阿密气候宜人，更是由于这里有各式各样的文化设施。房地产市场和新一轮的创新风潮相呼应，不仅采用了比以前更精巧的设计，其用途也更加多元化起来。

这就是一座上升中的城市所展现出来的生命力。

1　空中泊车

如果说，追求简单快乐的人只想开着敞篷车在迈阿密的海滨公路上飞驰，那么有品位的人，则会在驾驶结束后选择几栋创新大厦作为爱车的安全停车场。

阳光岛海滩位于迈阿密的北面，几座颇引人注目的高楼在岛上拔地而起，它们的出现，得益于 20 世纪 90 年代一次土地分区管理政策的调整。这座名为保时捷设计大厦的建筑群将在不久之后竣工（图 1）。大厦高 195 m，共有 57 层，除了标准的红酒窖，绝美的全景视角以及由保时捷设计公司打造的内部装潢外，大厦还为 132 套公寓配备了两处停车空间。这样的配比可算是最为独特的一处设计了，住户可将车直接驶入位于大楼中心的全自动汽车电梯，电梯会将人与车一并传送到住户的私人车库内，车库由玻璃打造，直通户主的公寓。保时捷设计大厦的开发商，Dezer 地产开发公司的老板 Gil Dezer 认为，这套设施或许听起来有些奢侈，但是由它带来的隐私与安全感，却是住户们乐于用钱来支付的。

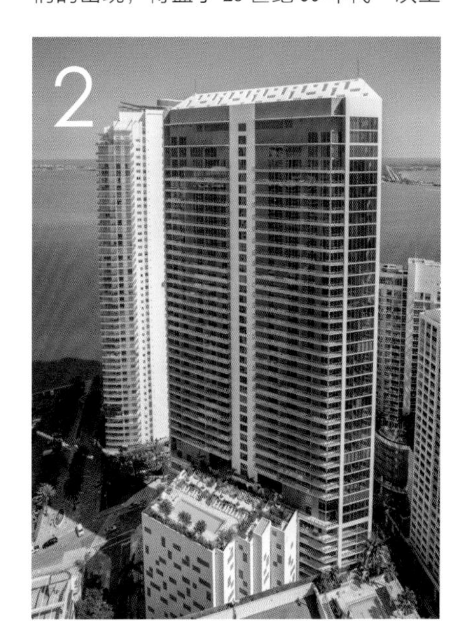

事实上他们也支付了不小的成本。据 Dezer 透露，一套典型的公寓价值约 600 万美元。这笔投资虽然数额巨大，却是极有盈利空间的。Dezer 认为，如果在迈阿密修建传统的停车库，每一个车位的花费将在 75 000 美元左右，那么按照保时捷设计大厦的标准，这个数字将会升至约 2 300 万美元。安装停车电梯的总花费将在 1 000 万 ~1 500 万美元之间，最后的总开销将在 3 800 万美元左右。Dezer 可以按照每平方米 10 764 美元的标准收取停车费，如此便将通常会是沉没成本的 7 500 万美元变成了盈利资产。

“这对停车位紧缺的城市来说是一个很好的解决方案——你不用通过斜坡进入停车场。” Dezer 评价道，“因为我们的停车设备是升降式的。”目前，Dezer 正在全力以赴实现他的构想，提交的设计方案已经通过了由多家第三方服务机构主持的安全与消防检测。在伊利诺伊州的芝加哥市郊，有一个叫罗密欧维尔的地方，Dezer 在那里找到了一处陈旧的谷仓，并在仓里搭建了一栋用来测试的塔楼以验证他的构思。另

外，这个设计已经通过了专利申请。

迈阿密的另一个无斜坡停车项目位于发展迅猛的都市区 Brickell 南面 26 km 处，这个项目的出现与前者的动因不同。这栋名为 Brickell House 的建筑占据了 Brickell 区最后一片可利用的土地（图 2），它共有 48 层，高 155 m，已于 2014 年竣工。有限的占地面积迫使它的开发商 Newgard 集团采用了一种聪明的泊车设计，希望能借此将建筑原本的美感保留下来。

"我们开发的房地产项目的质量和地理位置都很好，但却被周边的建筑包围着。" Newgard 集团的主席兼常务董事 Harvey Hernandez 说，"为了拓宽视野，我们必须在建筑的方位和朝向上加以创新。大楼斜对着地面停车场，这样就有 50% 的公寓可以面向很棒的海景了。为了将这栋建筑彻底呈现出来，我们需要在停车库上做文章。"

Hernandez 提出的解决方案，就是建造一座美国历史上绝无仅有的全自动停车库。这座车库有 500 个车位，分别沿着 4 台平行的电梯而建。电梯会自动提取车辆，然后将其放入旁边的车位里。住户可以在家里呼叫电梯，电梯就会将他们的车运至楼下，而住户只需要下楼就可开车。不过大多数人会进入安装了大窗户的小型等候室观看这个有趣的过程。

与保时捷设计大厦相同的一点是，Brickell House 全自动停车库也是要收费的，而这部分费用即是投资的一部分。因为停车库独特的设计，每辆车的停车面积从通常的 39.5 m^2 缩小到了 24.6 m^2，使得需要缴纳保险费的海景房房主数量变得更多了。

2 实体化的 Brickell 城市中心

建设中的 Brickell 城市中心以轻轨车站为原点，不会出现车位短缺的现象（图 3）。该建筑群由 Arquitectonica 建筑事务所规划的 6 栋建筑组成，包括 159 m 高的 Rise，153 m 高的 Reach，一栋超高层办公楼，一座名为 East 的高层酒店和一个巨大的购物中心。其中 3 栋楼体的第 2 层被一条"绿色缎带"连接在一起。这条"绿植功能带"由斜肋钢管构成，上面种满了茂密的植被。

太古地产有限公司作为项目开发商，其总部设在拥有"天桥数量最多"的香港，因此将天桥网络纳入"绿植功能带"的结构中似乎也成了顺理成章的事情。对于太古的首个美国项目，来自 Bouygues 建筑公司的施工前阶段总监 Christophe Bilaine 评论道："太古希望通过这个项目成为市场上独树一帜的公司。在亚洲，我们曾经与太古多次合作，本次他们承接的 Brickell 城市中心是迈阿密第一个具有混合使用功能的项目，因此我们选择再次与太古合作。"

3 进口与出口

在迈阿密，随着高层建筑消费群体愈加国际化和复杂化，越来越多的国际知名建筑师来到这里寻求发展。迈阿密的建筑市场曾经被本地建筑公司把持，而如今，由外来公司主持修建的高层建筑却越来越多了，这些公司包括 BIG 建筑事务所（Bjarke Ingels Group）、扎哈•哈迪德建筑事务所、大都会建筑事务所（OMA）、赫尔左格与德梅隆建筑事务所，以及诺曼·福斯特建筑事务所。

Arquitectonica 建筑事务所跻身于这些公司当中，它从迈阿密向外拓展，现在已经是一家国际化的大公司。1982 年，Arquitectonica 设计并主持建造了名为宫殿的公寓大楼，这栋高 122 m 的 42 层建筑曾经是迈阿密的第二高楼。从那一年起，这家建筑事务所为迈阿密至少设计了 24 栋高层建筑，其中有些已经竣工，有些正在施工中，还有一些处在设计阶段。现在，

图 1　保时捷设计大厦，阳光岛海滩
© Dezer 地产开发集团与保时捷设计
图 2　Brickell House
© Newgard 地产开发集团
图 3　Brickell 城市中心
© 太古地产有限公司
图 4　迈阿密天际线
© Matt H. Wade
图 5　Brickell 城市中心 1 号楼
© Arquitectonica

可以肯定的是迈阿密正欣欣向荣。而高层建筑的设计却带有与众不同的鲜明特色，体现了发源地的活力、色彩和能量，我们在远在纽约或上海的建筑设计中也能够感受到这种特色。

Arquitectonica 承接了 Brickell 城市中心 1 号楼（图 5）的设计项目，该建筑一共有 80 层，高达 317 m，坐实了它混合型建筑的名号。从这样的变化中不难看出，高层建筑的设计美学在迈阿密已经发生了巨大的变化。

“1 号楼作为建筑群的中心，周围是地面停车场、各式景观和一个水池平台。”Arquitectonica 的市场总监 Tom Westberg 说，“它们看起来并没有像综合开发项目那么都市化，真正的综合项目非常都市化，它可以活跃街道生活，让人们直接从一栋建筑进入另一栋建筑，从而为走在街上的人提供便利。Brickell 城市中心作为一个整体也能够实现这些功能。在不同时期，综合性开放项目曾经出现在不同的城市里。现在，如果我们要实现这样的功能，必定使用不同的方式。”

Westberg 热情地将这个新时代称为城市建筑环境史上最激动人心的时代，他认为这股建筑业的新鲜血液“唤起了每个人对建筑设计的了解”。他预见更多的 Arquitectonica 客户将会手持“耐心资金”进入这个领域，这意味着拥有土地的投资者不再急于建造新楼房，虽然对于求职心切的建筑师来说，这也许未必是个好消息，但是它可能意味着整个建筑市场趋向良好的状态。

迈阿密已经改变了，但可以肯定的是迈阿密正欣欣向荣。而高层建筑的设计却带有与众不同的鲜明特色，体现了发源地的活力、色彩和能量，我们在远在纽约或上海的建筑设计中也能够感受到这种特色。这种风格被 Arquitectonica 的总裁 Bernardo Fort-Brescia 称为“戏剧化的”，纽约时代广场的 W 酒店和上海浦江双辉大厦也受到这种风格的影响，从而具备了两种截然不同的特质，它们既可以很好地融入自己的发源地，同时又会表现出一种独特的格调。

“迈阿密在设计、建筑和高楼这三方面已经品牌化了。”Westberg 评论道，“外人只要谈起迈阿密就会想到它们，我们有很多客户，包括中国客户都会说，‘我喜欢你们在迈阿密的作品，所以请在这里为我们建一个一模一样的吧。’”

然而，不管迈阿密如何变化，那部 20 世纪 80 年代的好莱坞作品依然是这个城市的文化标志，它以巨大而且经久不衰的影响力，定义了迈阿密的风格，并让它充满吸引力。

“我们不能低估《迈阿密风云》对这座城市的影响”，Westberg 说，“制片人眼中的迈阿密海滩是年轻而时尚的。为了让迈阿密的建筑贴近这种迷人的魅力，他们会把楼体重新粉刷一遍，或者干脆改变建筑的结构。这是我见过的最直接的生活模仿艺术的例子。这些影响带来了其他的变化，它让来到这里的人们改变了他们的观念与集体潜意识。比如有的建筑师在电视上看了《迈阿密风云》之后，就萌生了要来迈阿密工作的想法。”

就算无法脱离这部传奇影片，成熟的迈阿密至少学会了利用它来打造自己的都市风格。在比斯坎湾大道上，一块新楼盘的广告牌上写着这样一句话：你属于这座城市——这正是由萨克斯吹奏的《迈阿密风云》主题曲的名字。■

征集
论文

我们现在为即将出版的
CTBUH 期刊征集论文

期刊的研究论文应对与高层建筑或都市人居环境相关的主题进行详细阐述，内容可涉及高科技工程、计算机辅助设计、历史、经济、社会、设计、理论等多方面的研究。论文中可以涵盖某项技术或原理在高层建筑行业中的应用，最好是能够在大量的建筑中进行推广。论文长度为 3 000~4 000 字并需配有丰富的图片和图表。

提交论文或咨询相关问题，请与杜鹏博士联系

电子邮箱

pdu@ctbuh.org

CTBUH 学会一直秉承着海纳百川的原则，它的会员不仅包括拥有历史悠久高层建筑的国家与城市，对几乎从未有过高层建筑的国家和地区，也一样欢迎至极。

在不到 3 个月的时间里，CTBUH 一共有 6 家分会先后成立。2015 年 3 月，由 Gensler 建筑设计事务所慷慨赞助的交流会在亚特兰大举行，这次会议参与人数众多。在随后的圆桌会议中，来自亚特兰大开发团的多位跨领域的领军人物进行了热烈的交流。

4 月 15 日，CTBUH 纽约青年专业委员会分会在 KPF 建筑事务所（Kohn Pedersen Fox Associates）举办了成立活动。CTBUH 主席 David Malott 与董事 Dennis Poon 出席了激动人心的平安金融中心大厦揭幕仪式，两人在这个项目上已合作多年。

在 4 月，近 70 名业内人士参加了 CTBUH 北京分会在英国奥雅纳工程顾问公司办事处举办的成立活动。活动针对中国的新消防规范和北京商务中心区发展计划作了详尽报告。

在 5 月，CTBUH 日本分会在位于东京六本木新城的 Mori Tower 举办了首次研讨会。来自国际和日本高层建筑领域的多位知名专家在这次会议中齐聚一堂，为 150 名观众带来了精彩的演讲。日本首屈一指的设计师和顶级开发商纷纷出席了当天的专题小组讨论会，他们中的很多人曾经登上 CTBUH 为本次活动发行的日本特辑中。

5 月还有一盛况，CTBUH 斯堪的纳维亚半岛分会在哥本哈根成功举办了创立仪式。本次活动由 Henning Larsen 建筑事务所协同丹麦建筑中心共同举办。哥本哈根城市规划总监 Anne Skovbro 也受邀到场作嘉宾致辞。这次活动的参与者超过了 100 人。与此同时，丹麦的主流媒体 Politiken 对 CTBUH 丹麦代表 Julian Chen 进行了采访。

> 如今的高层建筑也许让人迷惑踌躇，但不能忽视的一点是，它们具有惊人的真实性，以及一目了然的醒目感。
>
> ——Bruce Sterling 在与他人合著的《摩天大楼的未来》（*Future of the Skyscraper*）中如此评论。

6 月，CTBUH 将英国分会的创立仪式选在外形酷似避雷针的英国电信塔里举行，CTBUH 大会曾于 2013 年在这栋建筑里举办了以"高度与遗产"为主题的会议，由于高层建筑在伦敦早已变成了某种政治避雷针，因此我们不难理解为什么 CTBUH 将创立仪式安排在这里举行了。英国电信塔于 1964 年竣工，它在伦敦低垂的上空高耸入云，曾经一度引人注目。这次活动共有 90 位来宾到场，大家聆听了一场生动的电信塔历史讲座。更难得的是，来宾们登上了塔顶的旋转观景台，而这座观景台自 1981 年起就不再对公众开放了。

CTBUH 阻尼减振技术研究指导小组第一次会议。

CTBUH 最新的研究项目为"对可用于高层建筑的阻尼减振技术：兼具舒适度与安全性的研究"。2015 年 5 月 19 日，该项目的指导小组在芝加哥伊利诺伊理工大学的校园里进行了第一次会面。该项目由 Bouygues 建筑集团资助，旨在归纳各种与"阻尼系统在楼体建设和结构设计上的应用"相关的知识，并探索其未来可能的发展。这个项目还包括了 CTBUH 调研经理 Dario Trabucco 对米兰 Allianz 大厦的参观访问。

CTBUH 还积极参与了各国不同组织主办的活动。在芝加哥举办的英国办公室委员会大会上，CTBUH 组织了一场主题为密斯·凡·德·罗建筑作品的讲座，主讲人正是这位建筑大师的孙子 Dirk Lohan。CTBUH 的执行董事 Antony Wood 也被邀请前往纽约的 Façades+event，参与了主题为"高层建筑外立面的未来"的专门小组研讨会。在特拉维夫举办的第四届 IEACI 大会中，超过 500 人参与了由 CTBUH 以色列分会举办的结构与桥梁工程研讨会。■

www.ctbuh.org

查看更多关于这些活动的信息请访问 CTBUH 网站活动专区

| 日志 |

CTBUH 2015 年国际会议

纽约君悦大酒店——10 月 26—30 日

2015 年度会议聚焦如下主题：全球性转变：摩天大楼的复苏。

www.ctbuh2015.com

CTBUH 第 14 届年度颁奖研讨会、典礼和晚宴

芝加哥伊利诺理工大学——11 月 12 日

第 14 届颁奖典礼评选出 2015 年度获奖者。晚宴在密斯·凡·德·罗设计的 Crown Hall 举行。

http://awards.ctbuh.org

第六届结构工程和建筑管理国际会议

斯里兰卡康提的艾特肯斯彭斯酒店——12 月 11 日—14 日

CTBUH 驻斯里兰卡的代表们也举办了一场关于高层建筑和城市人居环境的特别会议，大会召集专业人士，分享他们的经验、研究和成果，促进工程实践的发展。

www.icsecm.org/2015/index.html

http://events.ctbuh.org

更多详情请查看网站

书评

《HOK 高层建筑》

HOK Tall Building
HOK
2014
装帧：平装，319 页
出版社：Gordon Goff
ISBN: 978-1941806227

近半个世纪以来，HOK 建筑设计公司一直致力于高层建筑领域的研究，现已成为世界级摩天大楼建造领域的巨头。《HOK 高层建筑》介绍了该公司在世界范围内最近完成的，以及正在进行的建设项目，也包括它的发展愿景以及一些竞标项目。

该书主要介绍的项目遍布世界各地，通过彩色透视图、摄影图片、剖面图、位置图和草图等多种形式加以展现。该书还展示了一些标志性的项目，如阿塞拜疆巴库的 Flame Towers、沙特阿拉伯利雅得的 Capital Market Authority Tower、阿联酋阿布扎比的 National Oil Company Headquarters。

虽然该书提供了丰富的图片和影像资料，读者依然希望看到描述性的文字。当我在读这本书时，总有无数个问题在脑海中盘旋。由于书中缺乏对 HOK 的详细介绍，很多问题的答案只能留待想象。比如，位于雅加达的 Bakrie Tower 是一座带有旋转楼梯的回旋上升的建筑，但在介绍这个有趣的项目时，书中仅仅给了短短四句话的概述。尽管如此，这本书仍然是人们喝咖啡时的理想读物，并一定能够引起业界专业人士和公众对高层建筑的兴趣。

评论者：Jason Gabel，CTBUH

《高层建筑的起源——从古至今的建筑简史墙书》

Sunrise to High Rise
插图：Lucy Dalzell
2014
装帧：精装，20 页
出版社：Cicada Books
ISBN: 978-1908714183

在《高层建筑的起源——从古至今的建筑简史墙书》这本书中，Lucy Dalzell 精心制作了一个绝妙的时间轴，通过美丽的图画，简要地概述了建筑历史，将年轻读者带入一个从新石器时代直至今日的奇妙旅程。

这本 20 页篇幅的精装书设计巧妙，而且内容丰富翔实。这本书可以展开成一幅 2 米多长的横幅挂在墙上，也可以将横幅卷起来放在书架上。将这本书展开，便呈现出 70 个历史和当今建筑结构的原版插图，并配有简明清晰的介绍，总结了建筑史上的各种发展趋势和运动，非常适合孩子和青少年阅读。

书中展现了许多标志性建筑，包括史前的湖边木排屋、庙宇、巨型建筑、金字塔、帕特农神庙，以及现代摩天大楼，如纽约帝国大厦。最后介绍了福斯特勋爵主持设计的伦敦 St. Mary Axe30 号（被戏称为“腌黄瓜”）和王澍设计的宁波历史博物馆。

这本泛历史的插图画本通过简单有趣的彩色图画，将建筑融入我们的生活。这本书可以开拓孩子们的想象力，并激发他们对建筑和建筑史的好奇心。

评论者：Alannah Sharry，CTBUH

《摩天大楼的未来》

The Future of the Skyscraper
编辑：Philip Nobel
2015
装帧：平装，144 页
出版社：Metropolis Books
ISBN: 978-1938922787

《摩天大楼的未来》这本书虽然尺寸不大，却雄心勃勃，试图不直接从摩天大楼的设计和结构入手，而引发当代对摩天大楼的思考。如今的建筑界和大众媒体普遍对摩天大楼持有比较极端的态度：抑或是充满轻蔑和鄙视的抨击，抑或是盲目崇拜。这是一本简明的选集，并倾向于一个与众不同的观点。

SOM 建筑事务所非常大胆地汇编了这本书，因为它非常重视参与对建筑类型学的评论活动，因而在理论上有所失色。这本小册子集合了多种类型的作者和评论文章，如英国小说家 Will Self，美国科幻小说家 Bruce Sterling，洛杉矶地方美术馆的主管 Michael Govan 等。

左翼政治杂志 Vox 的执行编辑 Matthew Yglesias 十分肯定地评价道，华盛顿特区应当解除对摩天大楼的历史禁令，因为摩天大楼是反映社会公平的范例，取消禁令有利于建造更多的高层建筑群。

Next City 的编辑 Diana Lind 和 *The Vertical Farm* 的作者 Dickson Despommier 共同撰写了一篇有深度的文章，针对现代城市社会对真正田园风光的迫切渴求，论述了摩天大楼如何能够更好地解决这一问题。

这本书是对建筑界现状的一次深入思考和探讨，这正是当今业界所需要的，这样的探讨也把参与者扩展到政治家、知识分子和一般公众。

评论者：Daniel Safarik，CTBUH

http://journalreviews.ctbuh.org
查阅更多书评，请访问网站

媒体中的 CTBUH

检测垂直森林优点与缺点的报告

2015 年 6 月 30 日
美国土木工程师协会（ASCE）

美国土木工程师协会评论了 CTBUH 的垂直绿化调研报告，该项目由英国奥雅纳工程顾问公司赞助。执行董事 Antony Wood 在报告中接受了采访并阐述了他对报告结果的一些想法。

美国设计公司在上海的天际线上留下了标记

2015 年 6 月 25
《洛杉矶时报》

在上海中心大厦即将竣工之际，《洛杉矶时报》评论了该工程会对超高层楼宇的修建产生怎么样的影响。CTBUH 中国办公室总监 Daniel Safarik 分享了他的看法。

CTBUH 韩国分会会长在活动结束后接受采访

2015 年 5 月 27 日
《韩国建设新闻》

CTBUH 韩国分会会长 Kwang Ryang Chung 在活动结束后接受采访，谈论了他对高层建筑安全性的考虑以及韩国国内其他建筑趋势的一些看法。

http://media.ctbuh.org
查看更多有关 CTBUH 在媒体中的报道文章
请访问网站

CTBUH 日本研讨会，东京，5 月 22 日

日本是一个地震、台风和海啸多发的岛国，并且缺少适合居住和耕种的土地，这导致了城市区域的人口分布异常密集。这些都是日本需要面对的特有挑战，同时也形成了日本特定的文化，影响着日本民众生活的方方面面。

正如 David Mallot 主席在研讨会上所提到的，曾经无所不在的“日本制造”标识如今已被“仅限日本”所取代，这也是由于日本在地理上长期被隔绝的历史所造成的。但是，最近开始有了一些明显的转变，2015 年 5 月举办的 CTBUH 第一届日本研讨会正是最具奠基性作用的事件之一：在这次会议上，各国的高层建筑专家建立了紧密的国际合作关系。

在研讨会上，Peter Rees 教授指出，如今高层建筑设计最重要的挑战具有社会性和人文性的双重特点。从本地区域性来讲，我们最大的任务是将东京的小街道融入高层建筑设计中。近年来，全世界都见证了由于建造中央商务区的高层建筑所引发的社会隔离问题。在这种现象摧毁我们的城市之前，我们应当抓紧设计动态的垂直城市空间，与周边的住宅社区形成社会和地理层面的双重互动，政策制定者应当采取措施，尽快促进这种互动年轻化并充满活力。

> 建筑是非常复杂的东西，难以用单幅图像或单个隐喻来描述。我们不应该将争取建筑的商业成功与建筑实际发挥的作用混为一谈。
>
> Farshid Moussavi 在其担任主编的 *Architectural Review* 杂志 2015 年第 3 期发表的“When Architecture becomes a source of interaction between habitation and expression”一文中说道。

值得庆幸的是，东京地区互动式高层建筑的发展水平较高，原因可能是由于东京密集的城市建设结构。东京的这种城市模式对建筑设计师提出了较大的挑战，设计师必须寻求更多的互动式空间设计方法。此外，在工程方面，由于地震和大风频繁发生，这种严苛的地理环境迫使日本工程师不断研发出世界上最先进的结构和信息技术。这次研讨会上展示的各种项目充分表明，日本工程界完全有能力在这样充满挑战的城市环境中建造出高质量的高层建筑。

日本具有令人鼓舞的“有待分享”技术和实际的专门技术，这对高层建筑的设计非常有帮助。在日本，我们期待看到更多的 CTBUH 活动，促进这种互动不断发展，使“日本制造”这一标识得到更广泛的传播。

——Hande Unlu 博士，Takenaka 建造工程有限公司

CTBUH 日本研讨会：第二会议议程，由 CTBUH 中国办公室总监 Daniel Safarik（最左侧）主持，讨论小组成员（从左数第二个开始向右依次为）：Arup 的副主管 Mitsuhiro Kanada；澳大利亚 Sekisui House 的 CEO 兼总经理 Toru Abe；Nikken Sekkei 的负责人 Tomohiko Yamanashi；以及 Rafael Vinoly 建筑师协会的合伙人 Satoshi Toyoda。

journal@ctbuh.org

学会希望收到您对《高层建筑与都市人居环境》和 CTBUH 活动的意见和建议。请将您的评论发送至邮箱

CTBUH 网站

招募新的 CTBUH 领导人

学会招募新的领导人，要求具备多种能力并能充分调动并发挥我们工作的积极性和主动性。欲知详情，请通过电子邮箱 leadership@ctbuh.org 联系 CTBUH 领导协调人 Jessica Rinkel。

leadership@ctbuh.org.

CHI 设计竞赛

CTBUH 非常荣幸成为芝加哥建筑基金会设计竞赛的赞助伙伴，现为芝加哥营造一所设想的学习性校园寻求更好的理念与远见。

http://www.architecture.org/chidesign

摩天大楼中心编委会

委员会诚聘一名新成员加入摩天大楼中心编委会，协助 CTBUH 维护世界上最准确的全球高层建筑数据库。

http://skyscrapercenter.com/board

www.ctbuh.org

了解更多全球高层建筑行业信息 请访问网站

CTBUH 驻比利时代表：Georges Binder

Georges Binder 是 2015 年 8 月出版的《中国高楼》（Tall Buildings of China）一书的编辑，该书英文版由 CTBUH 出版，以弥补关于中国——这个全世界最大的高层建筑市场的重要讯息。他也是 CTBUH 驻比利时的代表，Buildings+Data SA 的创始人。

Georges Binder

现在出版《中国高楼》这本书有什么重要性和意义？

如果你看一下世界上已经完成以及正在修建的 100 座世界最高建筑，就会发现超过半数的建筑都在中国。如果你只看正在修建的 100 座世界最高建筑，中国占有的比例则超过六成。但现在市面上居然很少有介绍中国高层建筑的英文书籍。过去几年里，曾经出版了一些关于香港和上海的书籍，但主题并不是高层建筑，而且目前很难找到介绍中国其他城市高层建筑的书籍。这本书介绍了分布在超过 25 个城市的 100 座高层建筑。我认为，这本书最有价值的地方在于它囊括了大量建筑平面图。

您当初是怎么对高层建筑产生兴趣的？

我 1975 年第一次去美国，那时我只有 15 岁。我去了世贸中心的 44 层。从那时起，我便一直不停地寻找高层建筑项目的信息（刊印书籍）。我把所有能找到的刊物都收藏进我的图书馆里，从书籍和杂志，到销售和租赁的小册子，应有尽有，这些小册子是半公共性质的信息来源，包含了很多其他地方从未出版、介绍过的建筑项目。

您最初是怎样进入 CTBUH 的？

25 年前，我在一家瑞典开发商那里担任研究经理，负责规划布鲁塞尔高层建筑。我当时正在搜寻有关高层建筑的信息。在香港 1990 年 11 月举办的 CTBUH 第四次国际会议上，我第一次了解到了 CTBUH。1992 年，为了了解关于 CTBUH 的更多信息，我决定拜访 Beedle 博士——CTBUH 的创始人，当时 CTBUH 总部在宾夕法尼亚州伯利恒市的理海大学。我至今还记得当时正在下雨，我乘坐灰狗长途汽车从纽约前往伯利恒，那个地方对我而言就如同世界边缘一般，那之后我与 CTBUH 相关的持续性成就就开始了。

互联网的兴起对高层建筑数据的记录和发布产生了怎样的影响？

如果没有互联网，就不可能跟踪记录世界范围内海量的高层建筑数据。在互联网诞生前，我们的数据记录主要集中在北美和香港地区，现如今已经覆盖了全世界。过去，我们所依赖的大量第一手资料只有几种消息来源，比如来自建筑师、开发商以及独立印制的书籍。现在，世界各地的建筑项目很多，我们需要依赖所有类型和渠道的消息来源。很多人都有关于高层建筑的精确数据，互联网用户之间也经常彼此拷贝。但正是因为人们都在彼此拷贝，如果想要真正确认某条消息，互联网并不是一个可靠的消息来源。现在，CTBUH 已经派出专家去过滤和整理所收集到的信息，并通过摩天大楼中心进行有效的利用。■

Tall buildings in China
2015，
印刷版，224 页
出版社：Images Publishing
ISBN: 978-1864704129

Tall buildings of China 在 CTBUH 官网上在线销售，现在可登陆 https://store.ctbuh.org 订购。

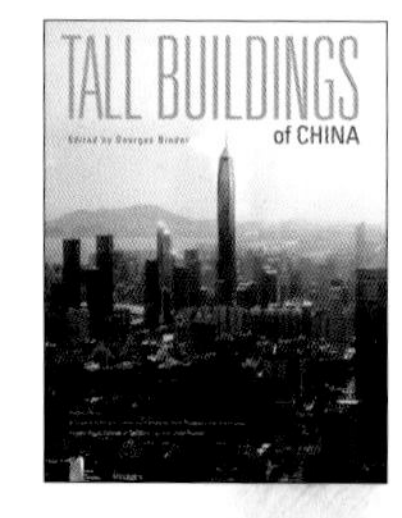

Zuhair Fayez Partnership

高级会员

Adrian Smith + Gordon Gill Architecture, LLP
ALT Limited
American Institute of Steel Construction
Aon Fire Protection Engineering Corp.
ARCADIS, US, Inc.
Arquitectonica International
Arup
Aurecon
BALA Engineers
Brookfield Multiplex
CBRE Group, Inc.
CH2M HILL
China Architecture Design & Research Group
Enclos Corp. 中国建筑设计研究院
Fender Katsalidis Architects
Frasers Property
Halfen USA
Henning Larsen Architects
Hill International
Hyder
Jensen Hughes
JORDAHL
Jotun Group
Laing O'Rourke
Larsen & Toubro, Ltd.
Leslie E. Robertson Associates, RLLP
Magnusson Klemencic Associates, Inc.
MAKE
McNamara / Salvia, Inc.
Nishkian Menninger Consulting and Structural Engineers
Outokumpu
PDW Architects
Pei Cobb Freed & Partners
Pickard Chilton Architects, Inc.
PNB Merdeka Ventures SDN Berhad
PT. Gistama Intisemesta
Quadrangle Architects Ltd.
Rowan Williams Davies & Irwin, Inc.
RTKL Associates Inc.
SAMOO Architects and Engineers
Saudi Binladin Group / ABC Division
Schüco
Severud Associates Consulting Engineers, PC
Shanghai Construction (Group) General 上海建工（集团）总公司
SHoP Architects
Shum Yip Land Company Limited 深业置地有限公司
Sika Services AG
Sinar Mas Group - APP China 金光集团一APP（中国）
Solomon Cordwell Buenz
Studio Gang Architects
Syska Hennessy Group, Inc.
TAV Construction
Terracon
Time Equities
Tongji Architectural Design (TJAD) 同济大学建筑设计研究院（集团）有限公司
Walsh Construction Company
Walter P. Moore and Associates, Inc.
WATG
Werner Voss + Partner

中级会员

Aedas, Ltd. 凯达环球
Akzo Nobel
Alimak Hek AB
alinea consulting LLP
Allford Hall Monaghan Morris Ltd.
Altitude Façade Access Consulting
Alvine Engineering
AMSYSCO
ArcelorMittal
architectsAlliance
Architectural Design & Research Institute of Tsinghua University 清华大学建筑设计研究院
Architectus
Barker Mohandas, LLC
Bates Smart
Benson Industries Inc.
bKL Architecture LLC
Bonacci Group
Bosa Properties Inc.
Boundary Layer Wind Tunnel Laboratory
Bouygues Construction
British Land Company PLC
Broadway Malyan
Brunkeberg Systems
Cadillac Fairview
Canary Wharf Group, PLC
Canderel Management, Inc.
CB Engineers
CCL
Chapman Taylor
Clark Construction
Conrad Gargett
Continental Automated Buildings Association
Cosentini Associates
CS Group Construction Specialties Company
CS Structural Engineering, Inc.
CTSR Properties Limited
Cubic Architects
Dar Al-Handasah (Shair & Partners)
Davy Sukamta & Partners Structural Engineers
DCA Architects
DCI Engineers
Deerns
DIALOG
Dong Yang Structural Engineers Co., Ltd.
dwp|suters
Elenberg Fraser Pty Ltd
EllisDon Corporation
Eversendai Engineering Qatar WLL
Façade Tectonics
FXFOWLE Architects, LLP
GERB Vibration Control Systems (USA/Germany)
GGLO, LLC
Global Wind Technology Services (GWTS)
Glumac
gmp · von Gerkan, Marg and Partners Architects
Goettsch Partners
Grace Construction Products
Gradient Wind Engineering Inc.
Graziani + Corazza Architects Inc.
Guangzhou Design Institute 广州市设计院
Hariri Pontarini Architects
Harman Group
Hathaway Dinwiddie Construction Company
Heller Manus Architects
Hiranandani Group
Housing and Development Board
Humphreys & Partners Architects, L.P.
Hutchinson Builders
Irwinconsult Pty., Ltd.
Israeli Association of Construction and Infrastructure Engineers (IACIE)
JAHN
Jaros, Baum & Bolles
JDS Development Group
Jiang Architects & Engineers
Jiangsu Golden Land Real Estate Development 江苏金大地房地产开发有限公司
JLL
John Portman & Associates, Inc.
Kajima Design
KEO International Consultants
KHP Konig und Heunisch Planungsgesellschaft
Langdon & Seah Singapore
LeMessurier
Lend Lease
Lusail Real Estate Development Company
M Moser Associates Ltd. 穆氏有限公司
Maeda Corporation
Mori Building Co., Ltd. 森大厦有限公司
Nabih Youssef & Associates
National Fire Protection Association
National Institute of Standards and Technology (NIST)
Nikken Sekkei, Ltd.
Norman Disney & Young
OMA
Omrania & Associates
Ornamental Metal Institute of New York
Palafox Associates
Pappageorge Haymes Partners
Pei Partnership Architects
Perkins + Will
Plus Architecture
Pomeroy Studio Pte Ltd
Project Planning and Management Pty Ltd
PT. Ciputra Property, Tbk
Rafik El-Khoury & Partners
Ramboll
RAW Design Inc.
Read Jones Christoffersen Ltd.
Related Midwest
RMC International
Ronald Lu & Partners 吕元祥建筑师事务所
Royal HaskoningDHV
Sanni, Ojo & Partners
Schock USA Inc.
Sematic S.r.l
Shanghai Jiankun Information Technology 上海建坤信息技术有限责任公司
Shimizu Corporation
SilverEdge Systems Software, Inc.
Silverstein Properties
Soyak Construction and Trading Co.
Stanley D. Lindsey & Associates, Ltd.
Steel Institute of New York
Stein Ltd.
SuperTEC
Surface Design
SWA Group
Takenaka Corporation
Taylor Devices, Inc.
Tekla Corporation
Terrell Group
TFP Farrells, Ltd.
TMG Partners
TSNIIEP for Residential and Public Buildings
Uniestate
University of Illinois at Urbana-Champaign
UrbanToronto.ca
Vetrocare SRL
Werner Sobek Group GmbH
wh-p Weischede, Herrmann and Partners
Wilkinson Eyre Architects
WOHA Architects Pte., Ltd.
Woods Bagot
WTM Engineers International GmbH
WZMH Architects
Y. A. Yashar Architects
YKK AP Façade Pte. Ltd.

普通会员

还有另外 245 家会员企业是 CTBUH 的普通会员级别。了解所有会员企业的完整列表，请访问：http://members.ctbuh.org